算力经济

从超级计算到云计算

[加] 张福波
张云泉
◎著

机械工业出版社
CHINA MACHINE PRESS

本书响应我国"东数西算"战略，结合"算力经济"的理念，全面介绍超级计算和算力的发展历史、算力经济的内涵、超级计算的关键技术、超算中心的建设与实践以及超级计算与云计算融合的趋势。本书既有学术研究的深度，又有技术的广度，还给出了很多超级计算相关的案例，展现了算力经济的远景。本书深入浅出，理论与实践结合，可以作为从事超级计算、高性能计算相关领域工作的管理人员、技术人员和研究人员的参考读物。

北京市版权局著作权合同登记　图字：01-2022-6558 号。

图书在版编目（CIP）数据

算力经济：从超级计算到云计算 /（加）张福波，张云泉著 . —北京：机械工业出版社，2023.1（2024.1 重印）
ISBN 978-7-111-72254-0

I.①算… Ⅱ.①张… ②张… Ⅲ.①计算能力　Ⅳ.① TP302.7

中国版本图书馆 CIP 数据核字（2022）第 251199 号

机械工业出版社（北京市西城区百万庄大街 22 号　邮政编码：100037）
策划编辑：曲　熠　　　　　　　责任编辑：曲　熠
责任校对：丁梦卓　　王　延　　责任印制：张　博
北京建宏印刷有限公司印刷
2024 年 1 月第 1 版第 2 次印刷
170mm×230mm · 12.75 印张 · 1 插页 · 182 千字
标准书号：ISBN 978-7-111-72254-0
定价：79.00 元

电话服务　　　　　　　　　网络服务
客服电话：010-88361066　机 工 官 网：www.cmpbook.com
　　　　　010-88379833　机 工 官 博：weibo.com/cmp1952
　　　　　010-68326294　金 书 网：www.golden-book.com
封底无防伪标均为盗版　　机工教育服务网：www.cmpedu.com

　　高性能计算[⊖]（High Performance Computing, HPC）主要研究如何高效利用高性能计算机系统来运行大规模并行应用程序，其目标是提升程序执行速度和并行规模。高性能计算机体系结构的发展经历了从最早的向量机到目前的主流集群架构的变化，高性能计算应用也经历了从最初的密码学解密／加密、大规模科学和工程计算（如气象模拟、地质勘探、工业仿真、流体力学模拟、芯片设计、基因测序、生物制药）到人工智能、机器学习、大数据的发展。近年来，我国在超级计算机建设方面已经跻身世界强国，同时大规模并行应用软件的研发发展迅猛，快速追赶世界强国。

　　本书作者张云泉研究员是我国高性能计算领域的领军人才，他在并行计算模型、高性能数学库、大规模并行应用优化方面取得了一系列重要研究成果，推动了我国超级计算的发展。此外，张云泉研究员还担任中国计

　　⊖　在本书中，高性能计算与超级计算含义相同，有时也简称为超算。

算机学会高性能计算专业委员会秘书长，长期致力于高性能计算社区的建设和发展，并积极向社会普及、推广高性能计算领域的相关知识，对推动国家科技政策制定和大众对高性能计算的认知起到了重要作用。张云泉研究员基于其对高性能计算发展趋势的判断，在2018年提出了"算力经济"的概念，对数据、算法和算力三者之间的关系进行了深入阐述，指出随着超级计算与云计算、大数据、AI的融合创新，算力将成为整个数字信息社会发展的关键，算力经济已经登上历史舞台。本书的另一位作者张福波博士曾任一家加拿大公司亚太区的技术总监，参与了HPC调度软件LSF相关的研究以及中国的超级计算机方面的重大项目，有丰富的指导世界500强企业应用HPC的经验。

计算机科学领域的科普著作十分丰富，涉及大数据、人工智能、云计算等新兴研究领域的科普著作如雨后春笋层出不穷，但介绍超级计算的科普书籍还不多见。本书以作者提出的算力经济的理念为牵引，对超级计算的硬件和软件应用的发展进行了介绍，阐述了超级计算机集群建设和调度方法，并对我国超级计算的发展进行了分析，对比了超级计算和云计算这两种算力之间的关系。书中还给出了大量超级计算助力各行业的案例，指出超级计算和云计算融合是大势所趋。本书的意义在于既科普了超级计算及其发展历史，又结合了当下云计算的发展趋势，阐明了超级计算的未来发展方向。我期待本书的出版能进一步推动社会各界对算力经济时代超级计算重要性的认知。

中国科学院院士

陈国良

2022 年 12 月

从 20 世纪 40 年代人类发明计算机至今的七八十年时间里，计算机科学和技术的不断发展、进步改变了世界，改变了人类的社会结构和关系，也改变了生产力和生产关系。毫不夸张地说，计算机已经渗透到了我们所有人的生活和所有人类活动的领域。如果把计算机科学和技术比作大海，那么超级计算和超级计算机就是大海里美丽的浪花。如果把计算机科学比作科技的皇冠，那么超级计算就是皇冠上的明珠。谷歌的 AlphaGo 机器人之所以能战胜人类顶尖围棋选手，其背后正是功能强大的超级计算机和优化的机器学习算法。但是，超级计算机最初不是为了人工智能而发明的，早在 20 世纪 60 年代，超级计算机主要用于密码学的加密和破译，随后超级计算机被用于许多行业和学科，包括生命科学、工业制造数字化设计与仿真、芯片设计、生物化学工程、金融业、地球物理与天体物理、大数据、智慧城市 / 园区等。

当看到这本书的时候，我的眼前一亮。原来，人们普遍认为超级计算是一个小众市场，属于阳春白雪，而且现实中中国的超级计算和公有云是彼此独立的。从这本书中我看到，超级计算已经向云靠拢，同时超级计算的应用场景广阔。尤其是近年来人工智能与大数据的发展极大地推动了超级计算上云的进程。我很喜欢书中的一个数据：Hyperion 公司的一项研究表明，在制造业每投资 1 美元用于 HPC，就会产生 83 美元的收入、20 美元的利润。可见超级计算和云结合一定大有作为。

　　与本书作者张福波相识是在 2010 年，那一年也是中国的云计算元年。 那时候，我们创办了北京云基地，以"基地＋基金"的模式扶植一批中国本土的创新型云计算相关的企业。当时张福波在一家加拿大华人创办的企业就职，为当时世界排名第一的超级计算机开发调度系统。这也佐证了我的一个看法，就是我们中国人也能写出世界上最好的软件。由于历史原因，中国在存量世界里属于跟随者，我们一直在学习。那么，在增量世界里我们中国人能否超越？这也是我们创建北京云基地的初衷。现在回过头来看，我们中国人已在增量世界里取得了引人注目的成果，云计算、大数据、人工智能，中国人都做得很出色，有些技术的水平和应用处于世界前列。而对张云泉研究员的了解始自其发起的中国高性能计算机性能 TOP100 排行榜，国际人工智能算力排行榜 AIPerf500，PAC、CCF CPC 和 ACM IPCC 大赛。在推动中国的超算发展和各大超算中心的建设方面，张云泉是一位领军人物。张云泉研究员的团队还获得了 2021 年 ACM（美国计算机学会）戈登·贝尔奖的提名。戈登·贝尔奖是国际高性能计算应用领域的最高学术奖项，被称为"超级计算领域的诺贝尔奖"，由 ACM 每年进行评选和颁奖，具有巨大的国际影响力。被提名该奖，意味着学术水平和研究成果已达到世界级的高度。本书两位作者在超级计算领域的知识和经验非常互补，不仅在学术和技术方面有精准的阐述，而且在建设和应用方面也提出了真知灼见。我相信，这本书一定会帮助读者深入了解超级计算，以及超级计算和云计算融合的趋势。

亚信联合创始人，宽带资本董事长

田溯宁

2022 年 12 月

序三

我与本书作者张云泉老师相识多年。因常年都在超算圈内摸爬滚打、艰苦奋斗，所以每年总有机会见上几面，继而促膝长谈、共话超算。听说他即将出版新作，邀我作序，倍感荣幸。

中国超算近二十年的发展洪流，将我和张云泉老师推向了两条看似不同的道路。但无论走多远，我们都未曾忘记出发时的原点——超级计算。能够撰写一本超算的科普之书，是大多数业内人的夙愿，然而成功者寥寥。如今，张老师作为学界巨擘，著书立论，立行立言，可喜可贺！

回看最近的十五年，得益于中国经济的高速发展，科学研究、产品研发的投入逐年增加，计算也成为继实验、理论分析后的第三大研究手段。近年来，人工智能技术的飞速发展又赋予了超算更多的智能内涵，超算行业可谓日新月异。国内开发的硬件性能不仅在国际超算市场中常年保持领先地位，屡次夺得头筹，云生态的产品与服务也应运而生，商业超算日臻成熟。从 2021 年中国高性能计算机性能 TOP100 榜单的 Linpack 性能份额看，算力服务以 46% 的比例占据第一，超算中心以 24% 的比例排名第二。用户需求已从传统的算力需求转变为服务需求。正是凭借对用户真实需求的市场洞察，超算云服务才会逐步得到有力论证，在业内蔚然成风。

本书以算力经济为主线，从超级计算机的历史开始，详细介绍了超级计算机与超算应用的演化，进而深入探讨了现在主流的超级计算机的建设与运营模式。随着计算机行业迈入云时代，两位作者依据其多年的行业洞察，预见到超算与云计算的融合已成为超算发展的必经之路。我认为这是一段献给中国超算人的最美时光曲。超算行业虽小众，但绝不孤独。中国的超算从业者们和作者一样，经年累月奋斗在各自岗位上，力学笃行、履践致远，日复一日地推动着中国超算的蓬勃发展，用超算助力科技强国。

北京并行科技有限公司董事长、总经理

陈健

2022 年 12 月

前言

如果说蒸汽机是工业革命的引擎，发电机是电气时代的引擎，那么计算机就是数字信息时代的引擎，而超级计算机是引领科学计算创新、攀登新高峰的引擎。

通常，人们认为计算机就是用来计算的，因为它算得快、算得准。这个观点没有错，最早发明计算机就是为了计算（Computation），而计算机的能力也称为算力（Computing Power），特别是在密码破译中，计算机发挥了巨大作用。这是个博弈问题，只要我方计算机算得比敌方快，敌方就很难破译我方的密码，而我方就可能破译敌方密码。随着计算机应用领域的扩展，计算机应用已经无处不在了。我们已经从单纯地依靠计算机计算的时期迈入了数字时代，即计算机世界可以是物理世界的一个数字模型。在这个数字虚拟空间中，我们几乎可以做任何想做的事情，比如战场模拟对抗、汽车碰撞、数字风洞、大气模拟等。这时，我们发现解决这类问题的计算规模是巨大的，数据是海量的，普通计算机无法承载和完成这类任务，所以超级计算机应运而生。

在和业内的首席信息官（CIO）们接触时，他们常常会问，超级计算机到底有什么用？在决策要上马的超级计算机项目时，他们往往困惑于需要多大的计算能力。更为纠结的是，这个方案应该找谁来规划？企业董事长或财务总监则关心投资回报率怎么衡量。其实，问题的核心在于"不知道超级计算机能解决我的什么问题"。我们可以看到，很多创新企业或产品的背后都有超级计算机的助力，从薯片生产到新能源汽车、宇宙大爆炸研究、太空之旅都利用了超级计算机来解决问题。

我们可以看到，超级计算机的应用对一个制造企业是非常重要的。业内人士有一个共识，即制造业每投资 1 美元用于超级计算机的建设，就会产生 83 美元的收入和 20 美元的利润。

现在，公有云的发展如火如荼，云的概念深入人心，我国许多城市也在致力于建设超级计算中心。但人们总觉得超级计算中心和公有云是两条路上跑的车，完全没有交集。事实是这样吗？我们试图在书中探讨、回答这个问题。

本书就为什么需要超级计算机、超级计算机能解决什么样的问题、超级计算机的演变与发展，以及超级计算与云计算的融合发展展开深入的探讨，希望读者对以上问题有个深入的理解。对那些希望或者正在建设超级计算机的 CIO 们来说，本书可以给他们提供建设方法和方向、技术方面的提示和经验分享。

希望这本书能让更多人了解高性能计算，用好高性能计算的算力服务，让算力经济发挥更大的作用。祝大家阅读愉快！

张福波　张云泉

2022 年 6 月

目录

第 1 章

什么是超级计算机

超级计算机是计算机一个特殊分支。不同于传统计算机，超级计算机通过其强大的计算能力去解决人类以前无法解决的问题。本章首先介绍超级计算机的发展史，其次介绍现代超级计算机，再次对超级计算机的发展远景进行阐述和探讨，最后对算力经济进行介绍。

1.1　超级计算机简史

超级计算，也称为超算或高性能计算（High Performance Computing，HPC），是指能够运行一般个人计算机或普通计算机无法处理的高速运算。实现超级计算的超级计算机的性能比普通计算机强大许多。

目前，超级计算机在科学计算领域扮演着重要角色，被广泛用于大密度任务的计算中，如量子力学、天气预报、气象学研究、地球物理、石油勘探、生物医药科学、物理仿真模拟等领域的计算工作。

1960 年，美国基于利弗摩尔原子研究计算机（LARC）建造出 UNIVAC，它被认为是第一代超级计算机。当时，UNIVAC 使用的存储是高速磁鼓而不是磁盘驱动技术。

同属第一代超级计算机的还有 IBM 7030。1955 年，美国核物理洛斯阿拉莫斯国家实验室提出，需要比当时的计算机快 100 倍的计算机以用于相关的研究工作。于是，IBM 研制出 IBM 7030 以满足这个需求。IBM 7030 使用晶体管、磁芯存储器和流水线指令，通过存储器、控制器读取数据。在这个过程中，开创性地使用了随机存取磁盘驱动器。

IBM 7030 于 1961 年完工，尽管没有实现性能增长百倍的目标，但仍被洛斯阿拉莫斯国家验室购买，英国和法国的客户也购买了这款超级计算机。IBM 7030 成为后来用于密码分析的超级计算机 IBM 7950 Harvest 的基础。

20 世纪 60 年代初的第三个开创性超级计算机项目是英国曼彻斯特大

学的 Atlas，该项目由 Tom Kilburn 领导的团队完成。Atlas 原打算实现高达 48 位 100 万字的存储空间，但由于这种容量的磁存储器成本高昂，因此 Atlas 的实际核心内存只有 16 000 字，磁鼓提供了 96 000 字的存储空间。Atlas 的操作系统在磁芯和磁鼓之间以页的形式交换数据。Atlas 操作系统还将分时技术引入超级计算机，使超级计算机可以在任何时候执行多个程序。Atlas 的处理速度接近每一条指令用时一微秒，大约每秒可处理一百万条指令。

1964 年，由西摩·克雷设计的 CDC 6600 完工（如图 1.1 所示），这标志着超级计算机的元器件介质由锗向硅晶体管转变。硅晶体管的运行速度更快，散热问题则是通过引入制冷技术来解决的。CDC 6600 的性能比当时的计算机快大约 10 倍，并定义了超级计算机市场。这款超级计算机生产了一百台，并以每台 800 万美元的价格售出。

图 1.1　早期的超级计算机 CDC 6600

1972 年，克雷离开 CDC，成立了自己的公司——克雷研究。4 年后，克雷发布了主频为 80 MHz 的 Cray-1（如图 1.2 所示），它成为历史上成功的超级计算机之一。Cray-2 于 1985 年发布，它有 8 个中央处理器（CPU），采用液体冷却的方法，将冷却剂泵过超级计算机元器件达到冷却目的。Cray 的运行速度为每秒 1.9 千兆次，是继莫斯科 M-13 超级计算机之后运行速度位居第二的计算机。

图 1.2　保存在德国博物馆的超级计算机 Cray-1

20 世纪 70 年代，唯一一款可以挑战 Cray-1 性能的计算机是 ILLICIV。这是第一个真正意义上实现大规模并行处理（Massively Parallel Processing，MPP）的机器，其中许多处理器一起工作，以解决一个大样本空间问题的不同部分。与 Cray 超级计算机以向量计算系统来运行单一的数据流不同，MPP 计算机读取数据的不同部分进行处理，然后重新组合结果的不同部分（这是典型的 Fork&Join 程序结构）。ILLIAC 的设计于 1966 年完成，它拥有 256 个处理器，能提供高达 1 GFLOPS 的速度，而当时 Cray-1 的峰值为 250 MFLOPS。然而，ILLIAC 在开发中遇到了问题，只有 64 个处理器能够工作，导致系统永远达不到 200 MFLOPS 的运行速度，同时系统比 Cray 规模更大、更复杂。另一个问题是，为系统编写软件非常困难，因此难以获得最高的性能。

尽管 ILIACIV 没有达成目标，但是其采用的分布式计算架构为超级计算的发展指明了方向。然而，Cray 并不认同这种说法，他曾讽刺说"如果你要耕地，你会选两头壮牛还是 1024 只鸡？"到了 20 世纪 80 年代初，已有多个团队开始研究具有数千个处理器的并行设计，特别值得一提的是由麻省理工学院研究和开发的连接机（Connection Machine，CM）。CM-1 将多达 65 536 个简化的自定义微处理器连接在一起，用一个网络来共享数据。之后还出现了多个升级版本，比如 CM-5 是一个大规模并行处理计算机，每秒能进行数十亿次算术运算。

1982 年，日本大阪大学研发了 LINKS-1，这款超级计算机主要用于绘制逼真的三维计算机图形。LINKS-1 采用了大规模并行处理架构，拥有 514 个微处理器，包括 257 个 Zi log Z8001 控制处理器和 257 个 i APX 86/20 浮点处理器。

富士通于 1992 年建造了 VPP 500。为了实现更高的速度，其处理器使用了砷化镓材料（该材料有毒性，通常在微波领域应用）。1994 年，富士通的数字风洞超级计算机使用了 166 个向量处理器，以 1.7 GFLOPS 的峰值速度成为世界排名第一的超级计算机。1996 年，日立开发了 SR2201，它使用 2048 个处理器，通过快速三维交叉网络连接，达到 600 GFLOPS 的峰值速度。

1993 年，英特尔的 Paragon 通过配置 1000 ～ 4000 个英特尔 i860 处理器达到当时世界最高的峰值速度。Paragon 是一个 MIMD（多指令流多数据流）计算机，通过高速的二维网格连接处理器，进程可以在单独的节点上执行，通过消息传递接口进行通信。

虽然超级计算机发展迅速，但软件开发仍然是一个难题。CM 系列引发了对软件问题的大量研究。一开始，许多公司采用定制化硬件来构造超级计算机，比如 Evans & Sutherland ES-1、MasPar、nCUBE、Intel iPSC 和 Goodyear 都是采用定制化处理器，这些定制化处理器显然对软件开发不利。到了 20 世纪 90 年代中期，随着通用 CPU 的性能提升，一般超级计算机都采用通用 CPU 作为单独的处理单元，而不是使用定制化芯片，这为开发通用的高性能计算软件带来了巨大的方便。到了 21 世纪初期，采用数万个通用 CPU 构建超级计算机成为常态，后来又加入通用图形处理器（GPU）来进行加速。

建设有大量处理器的系统通常采用两种方式。第一种方式是网格计算方法，通过广域网和互联网将分布的计算机资源和处理能力组织起来，灵活地协同完成一个任务。第二种方式是在局域网中将许多彼此相邻的处理器连接起来，形成计算机集群。在集中式的大规模并行系统中，高速低延迟网络变得非常重要，现代超级计算机一般使用增强的 InfiniBand 或三维环面互连来实现高速低延迟网络。将多核处理器集中管理使用是一个新兴的方向，例如 Cyclops 64 系统中就采用了这种方式。

随着 GPU 的价格不断下降、性能和能效不断提高，我国的天河一号、星云等 P 级超级计算机已经采用 GPU 加速卡。GPU 在加速比上有很强的优势，但是这需要应用软件的适配和调试才能发挥更大的作用，因此需要工程师花大量的时间来调整应用程序。好消息是，市场正在逐步接受 GPU，2012 年，捷豹超级计算机通过大量将 CPU 替换成 GPU 成就了天河系超级计算机。

一般高性能计算机的预期运行生命周期约为 3 ～ 5 年，然后就需要升级改造。Gyoukou（晓光）超级计算机由日本海洋地球科学和技术机构联合拥有，其独特之处在于同时采用了大规模并行设计和液体浸入式冷却技术。

研究人员还设计了许多特殊用途的系统用于专门解决某一类问题。比如，使用专门的可编程的 CPU FPGA 芯片，甚至定制的 ASIC，通过牺牲通用性来达到更高的性价比。特殊用途的超级计算机包括贝尔（计算机象棋冠军）、深蓝、用于对弈的 Hydra，用于天体物理学的 Gravity Pipe，为蛋白质结构计算分子动力学的 MDGRAPE-3 以及用于破解 DES 密码的 eep Crack。

从图 1.3 可以看出，超级计算机最初采用的架构和技术很宽泛，但是后来共享 CPU 的 x86 架构集群占据了主导地位，这要归功于芯片的摩尔定律和 x86、Linux 操作系统的普及。

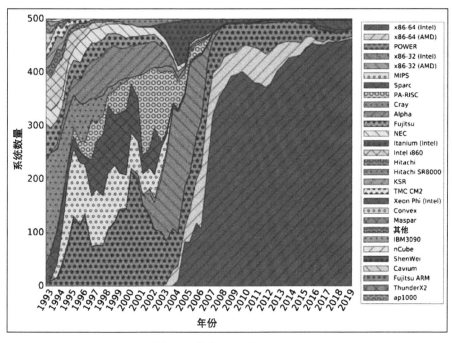

图 1.3　共享 CPU 的 TOP500

对应于不同的用途，各种超级计算机所采用的技术架构、系统设计、性能评测标准都不一样。为了能有一个统一的标准来衡量超级计算机的性能指标，1993 年成立了国际 TOP500 组织。该组织主要对高性能计算机进行相关统计，每半年对世界上各个超级计算机用 Linpack 程序进行一次基准测试，将排名前 500 的系统在世界 TOP500 排行榜网站上公布。TOP500 代表着世界上 500 台运行速度最快的超级计算机。任何单位和组织的超级计算机要想进入 TOP500 名单，必须运行一个标准的 HPC 性能测试程序并将测试结果提交给 TOP500 组织。

这里要解释两点：首先，超级计算机的性能测试由 Linpack 来完成，

Linpack 非常适合集群架构的超级计算机，然而不是所有的超级计算机都采用集群架构。其次，由于多种原因，有些超级计算机不想参加TOP500 的排名。所以严格来说，TOP500 名单中是那些愿意参与排名的前 500 位超级计算机。

1.2 现代超级计算机

进入 21 世纪后，中国、美国、欧盟等纷纷着手争取建造世界上第一个 E 级超级计算机（运行速度达到每秒 100 亿亿次）。Sandia 国家实验室的 Erik P. De Benedict 提出了一个理论：如果想要准确地进行两周的全天候气象建模，就需要一台 Z 级超级计算机（运行速度为 E 级超级计算机的 1000 倍）。专家预测，这台计算机可能会在 2030 年前后建成。

在许多专业领域，会使用蒙特卡罗方法建模，以处理随机生成的数据集。在高能物理中，中子、光子、离子、电子的传播路径是个随机路径，碰撞下的能量和动量也有很大的随机性。模拟这个过程的难度可想而知，这对计算机的能力也提出了很高的要求。蒙特卡罗方法可以利用产生的大量随机数据，通过计算和统计来逼近目标结果，从而大大简化复杂问题的计算过程。但是，计算结果的准确性高度依赖随机产生的数据，数据量越大，计算结果越准确。因此，数据量越大，超级计算机解决复杂问题的能力就越强，从某种意义上说，蒙特卡罗方法也在推动超级计算机的发展。

在超级计算机性能不断提升的同时，运行成本也不断上升，主要是功耗增加导致的。20 世纪 90 年代中期，TOP500 中排名前 10 位的超级计算机的功耗为 100 千瓦，到 2010 年，TOP500 中排名前 10 位超级计算机的功耗为 1 ～ 2 兆瓦。2010 年，DARPA 进行的一项研究表明，一台 E 级超级计算机的耗电量和电费相当惊人，当时每年的能源消耗成本约为 100 万美元。所以，在建造超级计算机时，需要考虑有效减少多核CPU 所产生的热量。根据绿色 TOP500 估算，1 台 E 级超级计算机的能耗接近 500 兆瓦，所以节能会体现在超级计算建设的方方面面，就算在开发操作系统时也要考虑节能问题，比如将那些没有运行任务和工作负载的 CPU 内核设置为待机状态（或者休眠状态）以达到节能效果。

大型超级计算机运行成本上升的另一个原因是建造分布式超级计算机需要的基础设施和资源不断增加。国家级超级计算中心首先在美国出现，后来德国和日本也开始建造国家超级计算中心。欧盟发起了欧洲高级计算伙伴关系（PRACE），目的是建立一个持久的泛欧超级计算机基础设施，以支持欧盟的科学家们迁移、扩展和优化他们的超级计算应用。冰岛制造了世界上第一台零排放超级计算机，这台超级计算机位于冰岛雷克雅未克的托尔数据中心，它依靠可再生能源而不是石化燃料发电。冰岛寒冷的气候也减少了主动冷却的需求，使这台超级计算机成为世界上环保程度较高的计算机设施之一。

近年来，各国努力应用各种方式支持对超级计算机建设的投资。20世纪 90 年代中期，TOP500 中排名前 10 位的超级计算机的投资成本约为 1000 万欧元，到 2010 年，TOP500 中排名前 10 位的超级计算机的投资成本增加到 4000 ～ 5000 万欧元。21 世纪初，世界各国政府制定了不同的战略来资助超级计算机的建设。在英国，由国家全额资助超级计算机建设，高性能计算资源由国家资助机构控制。德国则采用混合筹资模式，汇集地方各州的资金和联邦资金共同资助超级计算机的建设。

中国的计算机行业发展始于 20 世纪 50 年代，我国第一台数字计算机 103 诞生于 1958 年。到了 20 世纪 70 年代，我国对于超级计算机的需求激增，中长期天气预报、模拟风洞实验、三维地震数据处理以及国防领域和航天领域都对计算能力提出了新的要求。我国于 1983 年 12 月发布了银河 Ⅰ 号超级计算机。随后，又发布了银河 Ⅱ 号、银河 Ⅲ 号、银河 Ⅳ 号，形成银河超级计算机系列。应用银河超级计算机，我国成为世界上少数几个能发布 5 ～ 7 天中期数值天气预报的国家之一。银河系列后来又升级为"天河"系列，2010 年，天河一号 A 成为中国第一个全球运行速度最快的超级计算机。

有了银河、天河系列之后，我国加入了并行超级计算机的研发行列，启动了神威超级计算机的研制。有一段时间，中国的超级计算机丢掉了 TOP500 排名第一的位置，我们希望重新夺回世界第一，于是确立了研发 100 PFLOPS（也就是每秒超过 10 亿亿次浮点运算）以上超级计算机的目标。最初打算采用 Intel 芯片，项目初期投资大约 1 亿美元，但是经费远远不够。仅处理器的费用就需要 5 亿美元左右，再加上主板、内存、硬盘、散热、网络、机架等各种硬件，以及系统、软件和安装、维护费用，总成本恐怕将是个天文数字。于是，神威超级计算机的研制团队坚持国产化道路，厚积薄发，于 2016 年 6 月成功研发出世界上最快的超级计算机"神威太湖之光"，这台超级计算机落户在位于无锡的中国国家超级计算机中心。

到了 2021 年，世界超级计算机的竞争主要在美国、中国和日本之间展开。2021 年 5 月底公布的世界 TOP500 榜单上，日本的富岳（415 PFLOPS）排名第一，美国有四个超算系统位居前十，分别排在第二、第三、第六和第七的位置。中国的神威太湖之光和天河 2 号占据第四和第五名的位置。到了 2022 年，美国 E 级超级计算机 Frontier 登顶 TOP500。

现在，中国、美国、日本的超级计算机采用的都是分布式计算架构。简单来说，分布式系统的工作原理是，其并行计算任务被分配到不同的网络计算机上，任务间的通信和同步是在计算机节点间通过消息传递来实现的。分布式系统的三个主要特征是：任务间的并发性、不需要全局时钟和任务间的故障互不相关。基于 SOA 的系统、大型多人在线游戏，以及 P2P 应用等都是分布式系统的例子。在分布式系统中运行的计算机程序称为分布式程序（分布式编程就是编写这种程序的过程）。消息传递机制有许多不同类型的实现，包括纯 HTTP、类 RPC 的连接器和消息队列。

一般来说，分布式计算具有以下特点：

❑ 有多个相互独立的计算单元（计算机或节点）。
❑ 每个单元都有自己的本地内存，单元之间通过消息传递进行通信。

分布式计算主要用于解决一个大型计算问题或一个并发任务的需求，多个计算单元共同完成一个大型任务。另外，分布式计算也可以让每个用户独占一个计算单元，这种需求往往来源于高并发的互联网用户。分布式计算的作用就是协调使用共享资源和提供通信服务。分布式计算的特点还包括：

❏ 系统有容错功能，单个计算单元出错不会影响整个系统。
❏ 系统的结构（网络拓扑、网络延迟、计算机数量）是可变化的，比如系统可能由不同种类的计算机和网络链路组成，系统可能会在运行分布式程序的过程中发生变化。
❏ 每个计算单元对系统只有一个有限的、不完整的视图，每个计算单元也只知道输入的一部分。

1.2.1　并行计算和并发计算

并发计算是将一个大任务分解成许多小任务分发到各个计算节点去计算。并行计算也是将许多小任务分发到各个计算单元运行，不同的是这些任务在运行期间需要同步通信和数据交互，通信密度和数据量都很大。这些通信可以通过共享内存来实现（后来把这种共享拓展到计算节点间，通过连接的高速网络来实现）。所以，并行计算可以看作分布式计算的一种紧密耦合形式，并发计算可以看作分布式计算的松散耦合形式。

并发计算和并行计算的概念落实到具体的计算机体系结构，就有了并行系统和并发系统。

❏ 在并行系统中，所有处理器通过访问共享内存实现在共享内存间交换信息。
❏ 在并发系统中，每个处理器都有自己的私有内存（分布式内存），通过在处理器之间的消息传递来交换信息。

图 1.4 说明了并发系统和并行系统的区别。图 1.4a 是典型的并发系

统的网络拓扑结构，其中每个节点是一台计算机，连接这些节点的每一条线是一条通信链路。图 1.4b 为同构分布式系统，其中每台计算机都有自己的本地存储器，通过使用通信链路将消息从一个节点传递到另一个节点，从而进行信息交换。图 1.4c 显示了一个并行系统，其中每个处理器都可以直接访问共享内存。

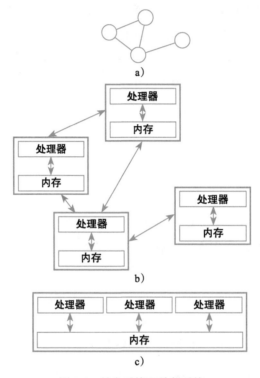

图 1.4 并发系统和并行系统

1.2.2 分布式计算系统

通过消息传递进行通信的并发进程最早出现在 20 世纪 60 年代研究的操作系统架构中，第一个被广泛使用的分布式系统就是局域网，如 20 世纪 70 年代发明的以太网（Ethernet）。ARPANET 是因特网的前身之一，于 20 世纪 60 年代末发明。ARPANET 电子邮件于 20 世纪 70 年代初发明，它既是 ARPANET 最成功的应用，也是最早的大规模分布式应用。除了 ARPANET（及后来的因特网），20 世纪 80 年代其他早期的世界范围的计算机网络 Usenet 和 FidoNet 也是被用来支持分布式计算的系统。分布式计算在 20 世纪 70 年代末 80 年代初成为计算机科学的一个分支，该领域的第一次会议——分布式计算原理研讨会（PODC）于 1982 年举行，其对应的分布式计算国际研讨会（DISC）于 1985 年在渥太华首次举行，主要讨论了图论的分布式算法。

1. 分布式计算架构

有很多硬件和软件架构可用于分布式计算。在低层架构上，必须将多个 CPU 与某种网络互连，而不管该网络是印制在电路板上还是由电缆连接松散耦合的设备而形成。在高层架构上，我们需要一些通信机制或协议来连接那些在 CPU 上运行的进程。分布式程序通常采用以下几种基本架构之一：C/S（终端 – 服务器）架构、3 层或 N 层架构、P2P 架构。通俗来讲，分布式计算有两种架构：松耦合架构和紧耦合架构。

- C/S（终端 – 服务器）架构：此架构通过客户机（Client）与服务器（Server）连接获取数据，然后向用户显示结果数据。如果客户端的输入是写（write）操作，那么数据就会被传送到服务器端进行修改操作。

- 3 层架构：一般是指将客户机功能后移至一个中间服务器，客户机是个无状态的浏览器，中间层一般是 Web 服务器，第三层是业务服务器。这种架构的好处是简化了应用程序的部署。大多数 Web 应用程序采用这种 3 层架构。

- N 层架构：通常指进一步将请求转发给其他服务的 Web 应用程序。这种多层跳转的应用模式引入了逻辑上的复杂度，所以这种类型的应用程序的好坏直接影响系统可靠性。

- P2P 架构：没有指定的机器提供服务或管理网络资源，所有工作都均匀地分配给所有的机器，这些机器称为对等机器。对等机器既可以充当客户机，也可以充当服务器。

分布式计算架构的另一个基本问题是并行进程之间的通信和同步问题。通过各种消息传递协议，进程可以彼此直接通信，一个典型实例是主/从（master/slave）关系，就是一个 master 对应多个 slave，slave 之间的通信由 master 代劳。另外，在"以数据库为中心"的架构中，进程间可以通过使用共享数据库来实现分布式计算、数据通信等，而不需要任何形式的直接进程间通信。尤其是在以"数据库为中心"的架构下可以为实时环境提供基于结构化数据和关系行数据的分布式处理和分析的能力，所以分布式计算也涵盖了数据库应用。

2. 分布式计算系统的应用

我们之所以需要分布式计算系统和分布式计算，有以下几个原因：

1）应用程序本身运行在由网络连接的不同计算机上。例如，在一个计算节点上产生的数据会被另外一个计算节点需要。

2）理论上，我们可以无限制地扩大一台计算机的性能，以满足任务所需要的计算能力。但是这里要考虑计算性价比的问题，使用许多低性能的计算机进行分布式计算要比在一台高配置的计算机上运行的成本低得多。而且，分布式系统的可靠性比非分布式系统更高，因为没有单一的故障点。此外，分布式系统比单处理器系统更容易扩展和管理。

分布式系统和分布式应用包括以下几类：

1）通信领域：

□ 电话网络和移动电话网络。
□ 计算机网络，比如互联网。
□ 无线设备网络。
□ 路由算法。

2）网络类应用：

□ WWW 和 P2P 网络。
□ 大规模、多用户的在线游戏和虚拟现实社区。

❑ 分布式数据库和分布式数据库管理系统。

❑ 网络文件系统。

❑ 分布式缓存和峰值缓存。

❑ 分布式信息处理系统，如银行系统和航空公司的预订系统。

3）实时过程控制：

❑ 飞机控制系统。

❑ 工业控制系统。

4）科学计算和集群计算：

❑ 网格计算、云计算，以及各种公益性质的计算项目。

❑ 分布式图像渲染。

很多时候，我们希望计算机是个自动化问答机，我们问一个问题，计算机就能给出一个答案。在理论计算机科学中，这种任务被称为计算问题。从形式上讲，一个计算问题是由多个场景和对应每个场景的解决方案构成的。场景是我们提出的问题，而解决方案是这些问题的答案。

理论上，计算机科学试图给出哪些计算问题可以使用计算机（可计算性理论）来解决，以及如何有效地解决（计算复杂度理论）。人们说一个问题可以使用计算机解决，是指我们可以设计一个算法，针对给定的场景给出正确的解决方案。算法的实现就是一个计算机程序（或称为软件）。它可以运行在一个通用的计算机上，程序读取一个问题的场景输入，通过运算给出解决方案或答案。从形式上来说，随机存取机或通用图灵机被看作执行串行程序的计算机抽象模型。

并行和并发计算领域所研究的课题是，针对同样一个问题，用分布式计算系统解决更有效还是用一台传统计算机解决更有效？然而，在并行或并发系统的情况下，我们对"解决这个问题"的含义是不清楚的，无法知道分布式计算得到的结果是否正确，除非用一个等价的串行程序执行结果做对比。

分布式计算不局限于多台计算机之间，在一台共享内存的计算机进行的多任务计算也是分布式计算。分布式系统有三种常用的内存结构：

- 并行计算共享内存模型：计算机所有处理器都可以访问共享内存，这样运行在每个处理器的并行计算任务都可以共享内存的数据。
- 并行随机存取：PRAM 模型要求进程同步访问共享内存。
- 分布式的共享内存系统：由于内存分布在各个处理器中，为了达到逻辑上的共享，就需要对每一块处理器的内存实现统一的地址编码，在逻辑上一块地址是连续的内存空间。

一个分布式计算系统除了有内存存取的结构外，还包括网络连接、存储、并行文件系统等。下面以 InfiniBand 为例介绍 HPC 系统中的网络连接。

（1）InfiniBand

HPC 涉及从 TOP500 超级计算机到小型桌面集群的所有领域。HPC 作为一类系统集中了几乎所有可用的计算能力，用于在一个时间周期内解决单个大问题。HPC 系统通常不会运行传统的企业应用程序，如邮件、会计或生产应用程序，而是运行涉及大气建模、基因组学研究、汽车碰撞试验模拟、石油和天然气开采模型、流体动力学方面的应用程序。HPC 系统依赖高性能存储和低延迟进程间通信（InterProcess Communication，IPC），以便为科学应用提供高性能和可伸缩性的计算能力。接下来，我们讨论 InfiniBand 架构和特性如何适用于高性能计算。在高性能计算中，InfiniBand 网络的低延迟、高带宽的性能至关重要。

对于网络低延迟的要求源于要实现可扩展性，提升集群的性能；而对 I/O 的通道带宽性能要求则是为了带宽的可扩展性以及性能，以便支持集群的共享文件系统和并行文件系统。

HPC 集群在一定程度上依赖低延迟的 IPC 来实现可伸缩性和应用程序的性能。运行在一个集群上的应用程序进程往往会分布在多个核、多个处理器和服务器上，因此低延迟 IPC 互连是集群可扩展性和性能的重要决定因素。

除了对低延迟 IPC 的需求，HPC 集群还对存储带宽、性能（每秒的 I/O 流量）、可伸缩性和容量有要求。InfiniBand 的 I/O 体系结构非常适合高性能存储，尤其是并行系统。在 HPC 领域，InfiniBand 支撑了 MPI 定义的上层协议和大规模高性能并行文件系统（如 Lustre）。在 HPC 系统中，MPI 是主要的消息传递中间件。

InfiniBand 通过创建一个通信通道将需要通信的两个应用程序的进程或服务连接起来，提供消息传递服务。使用该服务的应用程序可以是用户空间应用程序，也可以是内核应用程序（例如文件系统），这种以应用为中心的计算方法是 InfiniBand 与传统网络的关键区别。用户可以将其看作一种"自上而下"的方法，用于构建网络解决方案。InfiniBand 架构中的所有内容都是为了支持如下目标：为应用程序与另一个应用程序或存储的直接通信提供一个消息服务。

InfiniBand 的设计者面临的挑战是在虚拟地址空间之间创建能够承载不同大小的消息的通道，并确保这些通道被隔离和保护。这些通道需要在完全不同的虚拟地址空间之间充当管道或连接。事实上，这两个虚拟空间甚至可能位于完全独立的物理地址空间中，换句话说，可以跨不同的物理服务器，甚至相距一段距离，如图 1.5 所示。

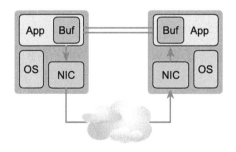

图 1.5　InfiniBand 的工作原理

在图 1.6 中，InfiniBand 创建了一个通道，将其虚拟地址空间中的应用程序直接连接到另一个虚拟地址空间中的某个应用程序。这两个应用程序可以位于不同的物理地址空间中，也就是跨不同的物理服务器。

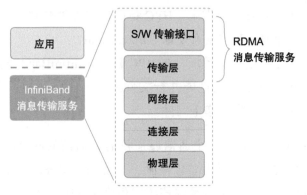

图 1.6　InfiniBand 架构为应用程序提供了易用的消息传输服务

MPI 是当今并行系统中通信的实际标准和主导模型。尽管一些 MPI 应用运行在共享内存系统上，但是大部分常见的 MPI 应用运行在集群节点上，这就需要网络通信和带宽。集群性能和可伸缩性与集群节点之间的消息交换速率密切相关，这是典型的低延迟要求，也是原生的 InfiniBand 涉及的领域和明确的任务。

MPI 通常被认为是通信中间件，也可以把它称为提供 HPC 应用分布式进程通信服务。为了更有效，MPI 通信服务基于底层消息传输服务从一个节点向另一节点传递实际的通信消息。InfiniBand 架构和其应用程序接口向 MPI 层提供了 RDMA（Remote Direct Memory Access，远程直接内存访问）消息服务。

InfiniBand 架构的基本原则就是为 HPC 应用提供高速、低延迟的消息服务，而应用程序使用 MPI 在进程之间传输消息。在高性能计算中，除了进程与进程之间使用 MPI 通信机制，有时也可以在应用进程和客户端之间使用 MPI 通信，而 MPI 又可以看成底层 RDMA 消息传输服务的服务端。由此，我们可以看出，在 InfiniBand 基于通道的消息传输体系结构中，在 MPI 集群节点之间可以直接进行通信服务，而不增加计算机群中 CPU 的负载。

高效的 InfiniBand 网络架构保证了 MPI 的高效通信。在某些分布式数据存取中，我们甚至无须拷贝数据，就可以直接通过这种高速网络实现应用之间的低延迟和高带宽服务。

InfiniBand 的网络架构和一般网络类似。InfiniBand 架构提供了一种消息传输服务。消息传输服务可用于传输 IPC 消息，或传输用于存储的控制元数据和客户数据，以及一系列其他用途的数据。不同于传统的 TCP/IP 网络提供字节流传输服务，InfiniBand 提供特定的光纤通道有线协议的传输服务。应用程序间使用 Sockets 接口来进行类似 IPC 的通信和数据传输，或者内存数据通过文件系统执行 SCSI 块级命令将数据存储到远程块存储设备。

InfiniBand 与其他网络技术的不同之处在于，不管是用户应用程序还是内核应用程序，它都直接向应用层提供消息传输服务，而传统网络需要应用程序在操作系统的帮助下传输字节流。这样一来，可能有人会担心应用程序需要了解底层网络的 I/O 协议，会增加程序的复杂度。其实并非如此，InfiniBand 顶层定义了一个软件传输接口（Software Transport Interface），如图 1.7 所示，用类似一个 API 的包定义了应用程序所提供的功能和使用方法，问题就变得非常简单了。

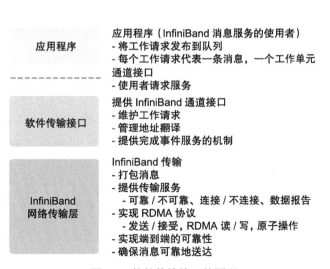

图 1.7　软件传输接口的原理

应用程序将工作请求（Work Request，WR）发布到工作队列排队，并获得 InfiniBand 的消息传输服务。工作队列是一对队列（Queue Pair，QP），它是端到端的连接两个通信应用程序的通道。一个 QP 包含两个工作队列：发送队列和接收队列。一旦有工作请求进入工作队列，马上激活一条指令发给 InfiniBand RDMA，告诉它有消息需要在通道传输或者是在通道中执行某种控制或管理功能。

应用程序和 InfiniBand 传输交互的方法是使用命令行，这是在软件传输接口部分中定义的。例如，应用程序使用 POST SEND 请求 InfiniBand 在通道上发送消息，这就是我们所说的 InfiniBand 网络栈的含义：goes all the way up to application layer，意思是说条条大路通应用层。它提供了应用程序直接从 InfiniBand 传输请求服务的方法。

通过提供低延迟、高带宽、极低的 CPU 开销以及高性价比，InfiniBand 已经成为部署最多的高速互连网络。InfiniBand 架构的设计旨在为拥有万计以上节点的高性能计算集群提供可扩展性，从而保证多核 CPU 的利用率。低延迟、高带宽，再加上 CPU 周期和节省的内存带宽，使计算系统能够有效地扩展。

我们可以通过一些实际应用程序运行的性能测试结果来理解网络性能对提升程序运行效率的重要性。下面来看几个案例[⊖]。

❑ ECLIPSE

ECLIPSE 是斯伦贝谢公司出品的油气藏模拟应用，在石油和天然气行业中经常使用。图 1.8 显示了应用在 GigE、10GigE 和 InfiniBand 以及节点数变化的情况下的运行时间（秒）。图中还显示了 InfiniBand 的延迟、CPU 利用率和带宽特性如何随着节点数量的变化实现出色的伸缩性。

⊖ 摘自 HPC 咨询委员会。

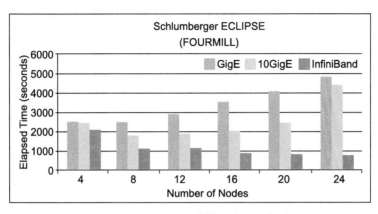

图 1.8 ECLIPSE 油气藏模拟应用性能测试

❑ **LS-DYNA**

LS-DYNA 是一个工业制造分析软件，已被用于许多行业。例如，航空航天公司使用它来分析武器对战斗机的影响或鸟对飞机挡风玻璃的撞击后果；汽车行业用它来测试汽车碰撞的结果；宝洁公司用它来设计洗涤剂容器，以测试产品掉到地上时容器会不会破裂。图 1.9 展示了 InfiniBand 与其他网络运行在不同核数时的性能测试结果。

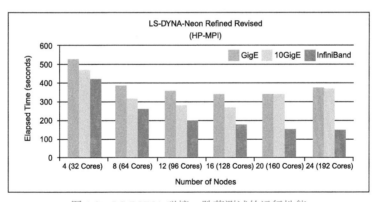

图 1.9 LS-DYNA 碰撞、跌落测试的运行性能

❑ **WRF**

WRF 是一个天气建模软件，是 SpecMPI Benchmark 测试套件的一部分。图 1.10 显示了在 2001 年 10 月 24 日，使用欧拉质量（EM）动力学方

法将美国大陆以每 12 平方公里为一个网格划分的模型在不同数量的服务器上运行的基准测试性能。计算的平均步长大约为 72 秒，需要 285 亿次的浮点运算能力。为了计算完整场景，计算时间超过 27 小时。在这个过程中，InfiniBand 作为集群互连，其性能使得 WRF 表现出线性可扩展性，随着计算节点的添加，WRF 总性能也相应增加。

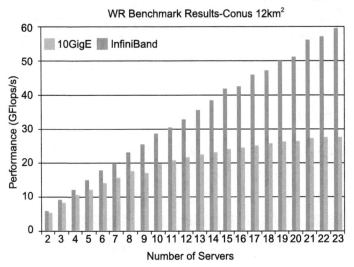

图 1.10 将美国大陆以网格划分的 WR 测试结果

InfiniBand 的性能要优于以太网。对于 2 个节点的集群性能，InfiniBand 比以太网高 8%；对于 24 个节点的集群，InfiniBand 比以太网高 115%。此外，千兆以太网未能显示出线性可伸缩性：当集群节点数超过 20 个时，WRF 的性能不再提升。对于同样的工作负载，10 个节点的 InfiniBand 集群就能达到 24 个节点的千兆以太网集群的性能水平。因此，使用 InfiniBand 可以减少节点数量，从而节省能源成本，或者使用同样节点的集群来获得更高的生产力。

（2）HPC 的存储架构

一个运行中的 HPC 应用程序包含许多并行进程。这些进程是分布式的，可以位于同一个 CPU/GPU 上不同的核，或位于同一台物理服务器中跨多个 CPU/GPU，也可以跨多个物理服务器，最后一种情况在 HPC

集群中最常见。应用程序的每个分布式进程通常都需要访问存储。随着集群规模的扩大（根据组成应用程序的进程数），对存储带宽的需求也不断增加。我们将探讨两种常见的 HPC 存储架构——共享磁盘集群文件系统和并行文件系统，并讨论通道 I/O 在存储架构中的作用。

共享磁盘集群文件系统如图 1.11 所示，顾名思义，它允许在一个集群中的分布式进程对共享存储池进行访问。通常，在共享磁盘文件系统中，文件系统分布在运行分布式应用程序的服务器之间，每个处理器上运行一个文件系统实例，同时有一个通信通道用于文件系统实例间的写数据的互斥锁管理。

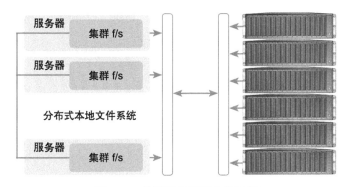

图 1.11　共享磁盘集群文件系统

通过创建一系列独立的通道，分布式文件系统的每个实例都可以直接访问共享磁盘存储空间。文件系统在存储系统上会产生一定的负载，该负载等于文件系统的每个实例产生的负载总和。通过将此负载分配给一系列通道，并行文件系统可以在这种分布式通道 I/O 架构下并行地读写数据，从而提高文件存储的效率。

最后，共享磁盘文件系统以及整个系统的性能都依赖于文件系统实例之间锁的切换速度。InfiniBand 这种具有超低延迟特性的网络保证了存储系统的最大性能。

像 Lustre 这样的并行文件系统在某些方面类似于共享磁盘文件系统，

因为它可以满足多个并行客户端的文件存储需求，但是进程文件读取分布在不同的数据段上，一般是分布在不同的存储服务器上；而文件系统和存储设备是在一起的，不是分布式的。分布式应用程序的每个进程都由一个瘦文件系统客户端提供服务，如图 1.12 所示。

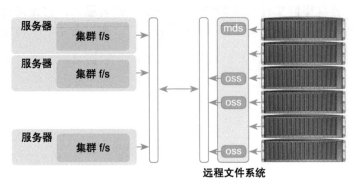

图 1.12　并行文件系统

在存储系统中，控制层面（文件系统元数据）通常与用户数据层面（对象服务器）分离。通过访问文件系统元数据减少了相关的瓶颈，因此用户数据可以分布在多个存储服务器上，这样可以独立地处理各存储服务器上的用户数据。

每个文件系统客户端会创建一个到文件系统元数据的唯一通道，这加快了元数据的查找过程，并允许元数据服务器并行处理大量访问。此外，每个文件系统客户端创建到对象存储服务器唯一的通道，对象存储服务器中有用户的实际数据。

通过在每个文件系统客户端和存储子系统之间创建唯一的连接，并行文件系统可以在 InfiniBand 的 I/O 架构中实现数据的并行读写操作。由于并行文件系统不再需要锁的作用，同时 InfiniBand 具有高速低延迟特性，因此保证了并行文件系统的高扩展性和弹性。

通过将数据分布到对象服务器数组中，并为每个文件系统访问端提供到对象服务器的唯一连接，就可以让多个文件系统客户端高度并发地访问数据对象。有了对象存储服务器高速低延迟的连接，以及文件系统客户端和元数据服务器的分离，Lustre 文件系统的可扩展性得到了保证。

1.2.3　超级计算机的能源使用和热量管理

　　和普通计算机不同，超级计算机在运行过程中耗电巨大，几乎所有电能会同时转化为热能，会产生极高的热量，因此需要冷却。在过去的几十年中，热量管理一直是大多数集中式超级计算机面临的关键问题。系统产生的热量也会造成其他影响，例如导致系统部件的寿命降低。常用的散热管理方法包括将冷却剂泵入计算机系统以达到散热效果，通过混合液冷空气与系统热量做冷热交换来达到降温效果。一般来说，超级计算机会消耗大量电能，例如天河一号 A 的耗电量为 4.04 兆瓦，电力成本和冷却系统的开销是很大的。假如电费为 0.6 元 / 千瓦时，那么天河一号 A 的电费每小时约为 2400 元，一年的电费约为 14 000 000 元。超级计算机是耗能大户，CPU 的散热设计和功耗问题的挑战远大于传统的计算机，所以业内提出了绿色超级计算的理念，推进节能环保的超级计算机的设计。

　　数以千计的处理器堆积在一起不可避免地会产生大量热量。Cray-2 采用液体冷却技术，使用氟化物形成"冷却瀑布"，加压使其通过计算模块来达到冷却的目的。然而，液体冷却的方法对多机柜系统处理器并不适用，Liebert 公司开发的 System X 采用了特殊的冷却方法，将空调冷却与液体冷却结合使用。

　　BlueGene 系统则使用低功耗处理器来降低热量的产生。2011 年发布的 IBM Power 775 采用了密封水冷的处理器。IBM Aquasar 系统用热水来为建筑物供暖以达到绿色节的能效。计算机系统的能源效率一般以"FLOPS/W"来衡量，2008 年，IBM 的 Roadrunner 的能源效率是 3.76 MFLOPS/W。2010 年 11 月，Blue Gene/Q 的能源效率达到 1684 MFLOPS/W，Blue Gene 的能源效率达到 2097 MFLOPS/W，在 2011 年

6月占据了绿色500排行榜的前两名，位于日本长崎的DEGIMA集群以1375 MFLOPS/W的能源效率排在第三位。目前，许多现有超级计算机的基础设施容量超过机器的实际峰值需求，因为设计人员通常会冗余地设计电力和冷却基础设施。未来，超级计算机的设计是有功率限制的——超级计算机整体的热设计功率、功率和冷却基础设施的处理能力在一定程度上能满足绝大部分功耗需求，但不会满足理论峰值。

1.3 超级计算机的发展

现代国家在能源、国防以及产业发展中越来越依赖高速计算技术和能力，而这些能力一般由超级计算机提供，因此超级计算机的国际竞争异常激烈。长期以来，世界TOP500的榜首由美国把持，但随着我国经济和科技水平的迅猛发展，中国的超级计算机开始出现在世界TOP500榜单中，我国的神威太湖之光超级计算机的速度更是达到了100 PFLOPS，连续4次占据世界TOP500榜首。这款超级计算机从芯片到操作系统都是国产的，应用这款超级计算机，我国选手还两次夺得超算应用的最高奖项——戈登·贝尔奖。目前，世界超级计算机的角逐主要在美国、中国和日本间进行。我们发现，新一代超级计算机大都采用了"CPU+GPU"架构，比如美国奥克里奇国家实验室与IBM制造的"顶点"超级计算机，它旨在通过"CPU+GPU"的架构实现高效的异构计算。

未来，超级计算的世界制高点的竞争成败取决于E级超级计算机的建造，然而，支撑超级计算机系统的半导体技术已经接近目前基础科学研究的理论极限值。在半导体领域，半导体工艺的极限是1纳米，而现在已做到了3纳米。另一方面，超级计算机是个"吞金兽"，超级计算机的建造和发展需要巨额资金的支持。

近年来，量子计算机越来越引起人们的关注。量子计算是一种新型的计算技术。在早期，我们关注的是量子比特的数量。在经典计算机中所能表示的比特数量巨大，且根据访问速度的不同形成了现有的经典计算机存储层次结构（如图 1.13 所示）。2019 年，神威太湖之光的内存容量达到了 1 310 720 GB，这个数字十分巨大，但在量子计算机中存储同样规模的信息只需要几十个量子比特。

图 1.13　计算机的存储层次结构

对于量子计算机而言，目前所能描述的量子比特的规模还比较小。量子比特的数量看似不多，但是所能描述的量子信息非常大。以 72 位量子比特计算机为例，它能描述的信息超过目前世界上最强大的计算机。所谓量子霸权就是量子计算装置在特定测试案例上表现出超越所有经典计算机的计算能力。

2018 年，谷歌公司宣称其实现了"量子霸权"（更准确的说法应该是量子优越性）。量子计算机在某些计算任务上具有优越性已经成为公认的事实。但是，与经典计算机不同的是，量子计算机极难操控。这里我们先简单介绍一下量子比特。假如有一个向量（比如图 1.14 中的一个箭头），当箭头指向正上方时表示 1，当箭头指向正下方时表示 0。那么怎样既包含 1 态又包含 0 态呢？答案就是可以用一个球来表示。这个球在量子力学中称为 Bloch 球，如图 1.14 所示。

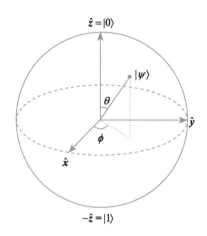

图 1.14　量子力学中的 Bloch 球

我们可以把一个量子比特理解为三维空间里的一个向量，那么，对于这个向量，我们可以做很多操作，比如旋转、更改相位等。在数学模型中，这些操作相当于用一个矩阵去乘以这个向量。在经典的高性能计算中，这个矩阵的操作非常容易。但是，在量子计算机中，要让一个量子比特从一个位置旋转到另外一个位置，操控起来就非常困难了，并且可能给量子计算带来噪声。

我们以在高速公路开车为例来说明量子计算中的噪声。在经典计算机中，计算机会按照编写好的程序不断向前执行直到程序结束，这就相当于在高速公路上沿着车道一直行驶，直至到达目的地。

然而，在量子的世界中，量子这辆车对于环境、温度都非常敏感（这就是为什么现在的量子计算机要把温度降低到绝对零度）。所以，即使一个量子比特的一次操控可能只小小偏离了原来的轨道，但随着操作的量子比特数量增多、量子线路深度增加，最终的偏离可能越来越大，很难保证计算结果的正确性。

因此，对于量子计算机而言，其性能与量子比特的位数、量子线路的深度以及噪声都有关系。考虑到这些情况，IBM 公司提出了量子体积（Quantum Volume）的概念。近年来，量子体积的概念被越来越多的公司认可和接受。各大公司在量子计算这条赛道上的竞争也从初期的量子比特规模逐渐发展到了量子体积。

那么，什么是量子体积呢？我们知道，一个立方体的体积等于长 × 宽 × 高，量子体积则是由量子比特的数目、量子线路的深度以及噪声带来的误差这几个因素决定的。IBM 给出的计算公式如下：

$$\mathrm{Iog}_2 V_Q = \arg\max_m \min(m, d(m))$$

其中，m 表示量子比特的数量，$d(m)$ 表示量子计算机能达到的最大深度，V_Q 代表量子体积。噪声隐含在 $d(m)$ 中，$d(m)$ 是在一定的噪声限制下的最大可达深度。由于量子计算机中的噪声模型太过复杂，这里就不详细介绍了。

IBM 开发了用于测评量子体积的量子线路。我们可以将量子线路理解为量子程序。这个程序是由一个个量子门作用在量子比特上，从而不断改变其状态以完成整个运算过程。当然，有些量子门并不是一元操作，而是多元操作，这就需要量子比特之间能够互联互通。

Linpack 经过多年的发展才逐渐成为衡量高性能计算机的标准，那么，量子体积是唯一能够全面衡量量子计算的标准吗？很明显，答案是否定的。在世界 TOP500 的榜单中专门设立了一个绿色 500 榜单，该榜单旨在考察追求高性能的同时是否达到能效比最高。就像我们在淘宝购买商品，除了商品本身的质量之外，我们还需要综合考虑价格等因素。因此，未来我们需要一种更加精确、更加深刻的量子测评模型来全面刻画量子计算机的性能。就像 Linpack 的作用不仅仅是衡量高性能计算机的性能，同时也为高性能计算的发展指明方向一样，量子测评模型的研究工作也会为未来的量子计算机发展带来影响和改变。

1.3.1　量子计算机的概念和重要性

传统的基于半导体芯片的计算机遵循摩尔定律，计算机性能每年翻一番，芯片集成技术从14纳米、7纳米、5纳米发展到如今的2纳米。但是，许多人认为摩尔定律会走到尽头，因为我们很难无限提高芯片的集成度。同时，我们在各个领域的探索越深入，所激发出来的算力需求越大，有些复杂问题所需要的计算能力呈指数级别的增长。而经典计算机是基于电子运动的一种装置，我们知道电子运动的速度就是光速，因此电子计算机突破不了光速这个极限。于是，科学家们把目光投向了量子力学，希望借助量子力学来突破电子计算机的极限。

自从20世纪初原子第一次被研究以来，量子物理学一直在挑战逻辑，因为原子不遵循我们习惯的传统物理规则。量子粒子能够在时间上前后移动，可以同时存在于两个地方，甚至可以"瞬移"。量子计算机基于量子比特，而不是传统计算机中二进制的0和1，这让量子计算变得非常高效。量子比特是量子信息的一个单位，是一个双态量子力学系统。在现代计算机中使用的比特只能是1或0，不能两者都是。虽然量子计算机也使用1和0，但量子比特有一个名为"叠加"的第三态，允许同时表示1和0。通过使用两个量子比特的叠加，就可以同时表示四个场景，从而减少数据处理的时间。

1.3.2　量子计算机中的量子纠缠

阿尔伯特·爱因斯坦称纠缠为"幽灵般的超距作用"，这种现象至今还在研究中。量子纠缠与"在这里"的粒子能够影响的遥远的粒子有关，通常被称为理论运输。纠缠是一种非局域性质，一组量子比特相比于传统系统具有更高的相关性。

纠缠最简单的形式可以用贝尔态来表示，这样就解释了量子比特如何具有与量子力学定律不相符的完美关联，可以用两个贝尔态纠缠量子比特的方程[⊖]来描述。

在这种等叠加态下，多个态可以同时发生，超密编码和量子隐形传态等量子计算元素利用了纠缠。

1.3.3　量子计算机的研发

一台 50 量子比特的量子计算机比任何现代计算机的处理能力都要强大。量子计算将超越传统计算机面临的局限性，这一点已经被谷歌和来自加州大学圣巴巴拉分校的物理学家所证明。

由于量子态很难分离和维持，因此只能尝试寻找将量子与外界干扰隔离开来的技术。这是实现量子计算的关键一步，一个量子计算机系统至少要实现一个量子能力来超越现代的传统计算机系统。

谷歌和 UCSB 合作开发了一款 50 量子比特的计算机，它可以存储 10 000 000 000 000 000 000 000 000 000 000 比特的数据，这些数据要用一台具有千兆级存储的传统计算机来存储。一千兆字节可以存储一个人一生的照片（每天拍 4000 张数码照片），可见量子计算机的威力。

2013 年，谷歌投资了量子计算机专家 D-Wave，并与美国宇航局和大学空间研究协会（USRA）合作创建了量子人工智能实验室（Quail）。现在，该实验室研发的 QuAIL 已升级为 D-Wave 2000 Q 系统，具有 2000 量子比特的处理能力。

英特尔也与 IBM 一起开发了量子计算机。第一个包含 17 个量子比特的测试芯片正由荷兰的 QuTech 测试，英特尔表示其中使用了一种独特的设计，以提高芯片的性能和产量。英特尔量子芯片的尺寸约为 25 毫米，提高了热效能和可靠性，并减少了量子比特之间的射频干扰。

⊖　限于篇幅，本书不展示这两个方程，有兴趣的读者可参考其他相关资料。

1.3.4 未来的超级计算机

在 2017 年的 IP 博览会上，布赖恩·考克斯（Brian Cox）提到，当我们能利用量子计算机时，就会发现量子计算机是多么强大。他说，量子计算机可以处理巨大无比的数据集，并进一步说："假设我们将 256 个电子缠绕在一起，这意味着什么？" 256 个电子缠绕模拟的量子体积将是 10^{80} 比特，这大约是宇宙中的原子数量。

现代计算机可能需要花费数十亿年才能计算出的答案，一台 256 量子比特的量子计算机只需 100 秒。这也意味着量子计算机将具有强大的加密功能。

例如，大众汽车（Volkswagen）公司正致力于通过一种可以提前 45 分钟通知司机的预测系统来防止交通堵塞。该公司的首席信息官马丁·霍夫曼（Martin Hofmann）表示，"量子计算机开辟了一个全新的领域。"现代计算机不具备快速分析和准确预测城市交通变量的能力，但量子计算可以帮助提供更安全的交通系统。

量子计算机具有以下特性：

❑ 通过使用量子隧道技术，量子计算比现代计算更节能，预计电力消耗将减少 100 ～ 1000 倍。
❑ IBM 的深蓝计算机在 1997 年击败了国际象棋冠军加里·卡斯帕罗夫，因为它每秒可以计算出 200 万个棋子可能移动的方案。如果使用量子计算机，计算速度可能达到每秒 1 万亿次。
❑ 为保持量子计算机的稳定性，需要很低的温度。D-Wave 2000 Q 系统要求保持在 0.015 开尔文的温度，这比星际空间还要冷 180 倍，并且非常接近绝对零度或开尔文的热力学温度 0 的极限。
❑ 量子计算机可以加快人工智能的学习过程，将需要数千年才能完成的学习过程缩短到几秒。
❑ 某些任务，如电子邮件，并不适合量子计算机，因此现代计算不会被量子计算机取代。量子计算机主要用于解决高度复杂的问题。

可见，量子计算机不能全面替代现代计算机。在某些领域需要充分发挥量子计算机能力，至于哪些领域适合应用量子计算机，科学家们正在孜孜不倦地探索中。

随着越来越多的公司开发先进的量子计算机，高性能计算机的前景看起来更加光明。

1.4 超级计算与算力经济

自从有了计算机，就有了"Computing Power"这个概念，这应该是最早出现的算力的概念。随着超级计算机的出现，"Computing Power"一词被用来衡量超级计算机的能力。那么，算力究竟是一种什么能力呢？或者说算力的定义是什么？我们先来看如图 1.15 所示的一台冯·诺依曼计算机的体系结构。

其中，CPU 包含运算器和控制器，运算器主要用来完成运算。所谓算力，狭义的定义就是计算机或设备每秒的浮点数运算次数（FLOPS）。传统的超级计算机一般坐落在计算中心或超算中心，人们需要到计算中心使用超级计算机完成运算。随着互联网的兴起，人们可以通过网络远程使用超级计算机。于是，有人想到超级计算这种计算能力能否像城市中的水、电、气一样成为一种泛在、便宜、随时可用的资源呢？其实，早在 1961 年，美国麻省理工学院的约翰·麦卡锡⊖教授在麻省理工学院一百周年纪念庆典上，就首次提出了公共计算（Utility Computing）服务的概念。到了 1984 年，SUN 公司联合创始人约翰·盖奇（John Gage）提出了"The Network is the Computer"（网络就是计算机）的论断。所以，让算力成为社会共享资源是前辈们早在几十年前就预见到的趋势。

⊖ 他也是人工智能（Artificial Intelligence，AI）概念的提出者，世界公认的"人工智能之父"。

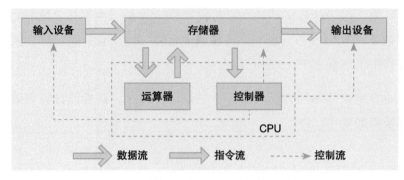

图 1.15 冯·诺依曼计算机的体系结构

图 1.16 演示了算力像电力一样成为社会的一种公共资源的情形。此时，关键的工作就是建设一个类似国家电网一样的算力网络。2021 年，国内三大运营商相继召开了年度产业合作大会，其中一项重要内容就是宣布各自的未来发展计划，大家不约而同提到了一个关键词——算力网络。中国移动发布的《中国移动算力网络白皮书》对算力网络的愿景是"与水电一样一点接入、即取即用的社会级服务，最终达成网络无所不达、算力无所不在、智能无所不及"。

如果我们把大数据中心比作发电厂，那么数据中心提供的算力就相当于发电厂的电能。为了输送算力，我们需要传输通道或线路，组成一个算力的网络，相当于国家电网，这就是对算力网络的直观理解。图 1.16 直观地把算力和电力做了类比，我们不难理解算力网络要解决的问题。

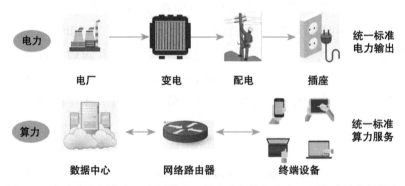

图 1.16 电力由电厂产生，电网输送；算力由计算机产生，网络连接终端设备

1）大容量数据传输能力：数据中心一般会建在资源低洼地区（比如西部地区），这些地区在土地和电力资源方面具有优势，我们需要把产生的大量数据传输到这些数据中心，因此要求算力网络有大容量数据传输的能力。

2）泛在接入能力：有了 5G 之后，各种电子设备、物联网设备都能通过算力网络连接到远方的数据中心，完成传送数据、下载数据、进行实时计算和图像识别等工作，最终用户可以随处连接、随时使用 IT 资源和数据。

3）全网统筹算力和调度能力：由于各个数据中心的资源类型、规模、距离等不尽相同，加上各地区发展不平衡，因此电力价格存在差异，这意味着算力的使用成本不同。所以，算力网络的一个重要挑战是调度算法。调度系统是全网的指挥中心和大脑，既要保证网络使用和传输的效率，又要兼顾用户各种差异化的需求。比如，有些用户是成本敏感型，需要找到便宜的算力为其服务；有些用户是关键业务型，对价格不敏感，但对服务质量、时间、速度有要求，这时调度系统应该把高性能、容量充足的资源分配给该用户。

4）网络低延迟能力：随着自动驾驶、人工智能在现实场景中的应用，许多应用需要低延迟的实时响应，因为延迟带来的后果是不能接受的。5G 技术和边缘计算可能是个不错的解决方案，但是具体效果仍待验证。人类在解决大带宽方面取得了长足的进步，但在网络的低延迟方面因受制于传输距离和光速极限而存在天花板。

有了强大的算力网络和调度能力，我们可以将社会上的超级计算机资源连接起来，提供统一、标准的算力输出服务，我们离实现"算力插座"的目标不远了！图 1.17 展示了未来算力网络的泛在化、插座化的趋势。

算力经济的概念是由中科院计算所张云泉研究员在 2018 年首先提出的。当前的发展趋势已充分表明，随着超级计算与云计算、大数据、AI 的融合创新，算力已成为数字经济社会发展的关键。算力经济是指以计算为核心的算力将成为衡量一个地区数字经济发展程度的代表性指标和新旧动能转换的主要手段。

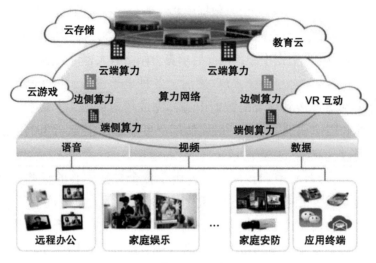

图 1.17　算力网络和算力插座

从行业应用领域来看，从 2021 年开始，中国超级计算机 TOP100 排行榜最大的变化是增加了算力服务。

☐ 算力是硬件和软件配合以共同执行某种计算需求的能力。

☐ 算力服务是提供算力的一种商业模式，是包括算力生产者、算力调度者、算力服务商以及算力消费者在内的算力产业链上算力经济模式的统称。

2021 年 5 月，国家发改委等四部门联合发布《全国一体化大数据中心协同创新体系算力枢纽实施方案》，提出要建设全国算力网络国家枢纽节点，启动实施"东数西算"工程，把东部的数据送到西部进行存储和计算，在西部建立算力节点，改善数字基础设施不平衡的布局，有效优化数据中心的布局结构，实现算力升级，构建国家算力网络体系。中国移动、中国联通、中国电信等公司也宣布进入算网融合发展时代。

推动算力需求爆发的正是人工智能和机器学习在各行各业的应用。《中国算力白皮书》指出，在算力上每投入 1 元，能带动 3 ～ 4 元的经济产出，如图 1.18 所示。

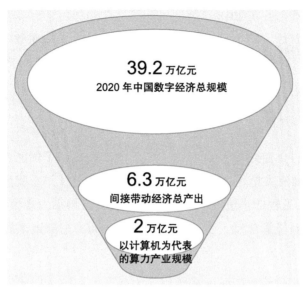

图 1.18　算力经济

　　当前，算力服务到了即将爆发的阶段，它的商业模式已经基本形成，一些企业也开始在产业链里加大投入，以便抓住机会。

　　任何新生事物的出现和发展都不是一帆风顺、一蹴而就的，算力服务也是如此。我们可以通过回顾电力服务的发展来预测一下算力服务的发展。

　　一百多年前，关于电也有一个争议：向广大用户卖电力设备还是卖电力服务？

　　当时，爱迪生执着于卖直流发电设备，而他的同事——尼古拉·特斯拉则希望卖电力服务，用交流电为大家提供更低成本的用电服务。

　　历史证明，特斯拉是对的。

　　一百年以后，对于超级计算，我们也面临类似的选择：是继续卖计算设备还是卖计算设备产生的算力服务？现在来看，随着云计算的发展，"计算服务化"的趋势越来越明显，算力服务的大潮扑面而来，很难阻挡。

张云泉研究员在 2018 年就预见到了这个趋势：算力经济时代一定会到来。但在那时，这个观点还比较超前。现在，随着"东数西算"工程的启动，大家已对这个趋势达成共识，并且共同推进算力服务产业的发展。

参考电力服务的发展，我们可以设想未来算力服务产业的发展会涉及以下几个问题。

首先我们会有类似国家电网的"国家算网"。有了国家算力网络，就像电力服务要有发电厂一样，我们就会有"算力工厂"。我们相信，随着"东数西算"工程的推进，将来会在西部地区布局很大规模的算力工厂，它们主要用新能源驱动，更加绿色环保，从而为东部地区提供经济实惠的算力。

其次，会涉及算力的定价问题。不同于电力定价，算力定价是一件很困难的事情，包括怎么设置算力的单位，比如怎么定义"一度算"。算力的标准化就是很困难的工作，因为算力是"异构"的资源，涵盖 CPU、GPU、DPU、XPU 等，所以背后还有一系列工作要做。

目前，算力服务的原生系统已经出现，业界同人还需要一起努力推动标准的进化，让算力服务"傻瓜化"，即用户不需要关心算力来自哪里、算力的精度如何，等等，这些问题对于用户全部是"黑盒"，用户只需要购买算力服务套餐，就可以实现即插即用了。

那么什么是"东数西算"呢？简单来说就是把东部的数据拿到西部去算。"东数西算"为什么会受到关注？一方面是我国发展的需要。随着我国经济的发展，数字经济的发展也进入了快车道，社会的数据生产总量呈爆发式增长，数据存储、计算、传输和应用的需求也大幅增长。数据中心已成为支撑各行业的"发电厂"，提供算力和数据存储能力。与此同时，出现了数据中心供需失衡、失序发展等问题。目前，我国经济发展的格局是东部沿海城市高度发达、活跃，也会产生大量的数据，但是高速发展带来的问题是数据处理能力不足。绿色数据中心也是个问题，有调查数据表明，当前我国各类数据中心年用电量已占全社会用电的 2% 左右，耗电量增速连续多年保持在 10% 以上，以至于东部一些地区明确将数据中心定位为高耗能产业加以限制发展。而西部地区虽可再生能源丰富、气候适宜，但受限于网络带宽小、跨省传输成本高等瓶颈，难以有效承接东部需求，进一步加剧了市场供需的失衡。另一方面，西部数据中心面临的问题是需求不足，"巧妇难为无米之炊"，没有用户使用，大数据中心就没有收益。同时，数据中心的耗电问题、网络连接问题也在很大程度上制约着数据中心的使用效率，数据中心的 IT 设备的使用寿命一般是 5 年，有些数据中心的 IT 设备安装后还没怎么使用就面临淘汰。

2021 年 5 月，国家发展改革委等四部门印发的《全国一体化大数据中心协同创新体系算力枢纽实施方案》对算力网络进行了整体布局，同时启动了"东数西算"工程。这个方案的出台非常必要和及时。方案的中心思想就是依托京津冀、长三角、粤港澳大湾区、成渝城市群，以及贵州、内蒙古、甘肃、宁夏等全国算力网络枢纽节点，统筹规划大数据中心的建设布局，引导大数据中心适度集聚并形成数据中心集群，且在集群之间建立高速数据中心直联网络，最终形成以数据流为导向的新型算力网络格局。图 1.19 说明了东部的短缺资源可以由西部的丰富资源来补充，这也是"东数西算"的核心思想。

图 1.19　"东数西算"的布局

至此，全国一体化大数据中心体系完成总体布局设计，"东数西算"工程正式全面启动。

"东数西算"中的"数"指的是数据，"算"指的是算力，即对数据的处理能力。数据、算力和算法是数字经济时代的关键资源，数据是新的生产资料，算力是新的生产力，算法是新的生产关系。目前，"东数西算"主要是在布局层面进行完善，初步计划到2023年底，使全国数据中心机架规模年均增速保持在20%左右，国家枢纽节点算力规模占比超过70%。

当然，东部地区不仅仅有科学计算和大数据处理的需求，还有增长更快的人工智能训练和推理计算需求，这些都需要大量多种类型的智能计算。智能计算和传统的科学计算不完全一样，它是一种应用范围更广且与数字经济关系更为紧密的通用计算需求。

为了引导这类计算需求的健康快速发展，2020年4月，国家信息中心与浪潮公司联合发布了《智能计算中心规划建设指南》。

2020年12月，国家发展改革委牵头发布了《关于加快构建全国一体化大数据中心协同创新体系的指导意见》，要求优化数据中心建设布局，推动算力、算法、数据、应用资源集约化和服务化创新。

2022年2月，"东数西算"工程全面启动，该工程被业界认为是一项开启算力经济时代的世纪工程，可以与西气东输、西电东送、南水北调等世纪工程并列。

"东数西算"工程面临的挑战首先是如何合理调配和组织东部计算需求，调度西部的最优算力资源为东部计算需求服务，既高效满足东部计算需求，又降低功耗和计算成本，并拉动西部经济发展。

预计国家未来会建设类似国家电网和高铁公司这样的国家级调度和管理机构对全国的算力资源进行统一调度和管理。

其次，要防止各地不顾实际需求一拥而上、乱建算力基础设施。

最后，在工程的实施过程中，还要解决好国产自主可控和采用国外先进技术的平衡问题。

对于市场化、产业化要求高的计算需求，建议尽量选用国内外主流的计算设备和产品，确保成熟良好的产业生态，这有利于相关产业和项目的快速落地和成功。

"东数西算"工程的启动，对计算行业的公司，尤其是算力服务产业相关的公司是一个利好消息，中国会在国际上率先形成一个算力经济的新产业链。

在算力经济产业链中，主要涉及算力生产商、算力调度者、算力交易商、算力消费者4个角色，未来在这4种类型的企业中会产生很多上市公司。

我国的三大移动通信公司和华为等公司从几年前就开始进行算网融合的研究，它们在2021年发布算力网络战略，进入算力市场。"东数西算"工程对它们来说是特大利好消息，而且它们在国家发布算力枢纽城市之前已经建设了很多大数据中心。

此外，对于西部地区从事新能源服务的企业，"东数西算"工程的启动也是大利好。西部地区的新能源可以为东部的计算需求提供算力服务，价格便宜、绿色环保，可以很好地满足国家对于碳中和与碳达峰的要求。这些进入算力枢纽的西部城市也能够通过该工程搭上新基建的发展快车，加入数字经济的发展大潮，从而拉动西部地区GDP快速增长。

对于东部地区的城市来说，利用西部的新能源进行计算服务，可以降低其碳排放压力。

最后，"东数西算"对于从事算力产业周边设备生产的厂商，比如从事数据中心基建以及网络设备、制冷设备制造等公司也是利好消息。

展望未来，随着"东数西算"工程的实施，可能出现以下几个趋势：

1）随着算力经济的发展，可能会出现类似电力插座一样的"算力插座"，用户只需像购买电力一样付费就可以购买到无处不在、方便易用的算力服务。

2）随着算力需求的持续增长和技术的成熟，未来会出现类似发电厂的算力工厂，尤其是在"东数西算"的西部新能源发达地区，国家会建设类似于国家电网的国家算网。

3）随着算网融合战略的实施，三大移动通信公司会转型为算力供应商，用户会像过去购买流量套餐一样购买算力服务套餐。

4）算力发展和消费指数会成为一个地区数字经济发展程度的重要评价指标。

此外，如何对算力进行全国一体化调度、如何评测算力、如何确定算力价格等，也是急需解决的重要问题。

第 2 章

超级计算机及其应用

一般来说，解决问题的方法是找到数学表达式或建模。但是，有很大一部分问题是无法用数学公式精准定义和描述的，即使问题可以用数学公式来表达，但是其算法复杂度也超出了普通计算机的能力。从这个角度来说，超级计算机是靠"蛮力"取胜，也就是用无限逼近的方法得到比较精确的答案。因此，超级计算机在科技发展、企业创新中有重大的作用，本章将深入探讨超级计算机在科技研发、工业智能制造以及人工智能和大数据等领域的应用，帮助读者更加深入地理解超级计算与算力经济的意义。

2.1 超级计算机是科技研发和创新的引擎

2.1.1 人均算力消费反映了一个国家的科技创新水平

20 世纪 80 年代，我国每年的人均电力消耗是 300 多千瓦·时，美国每年的人均电力消耗为 1 万多千瓦·时，相差了 30 多倍。这也从某种程度上反映了当时中美两国的经济发展水平。过去十年，我国电力工业快速发展，人均用电量快速增长，我国人均年用电量已接近世界平均水平，这和我国经济发展的轨迹是吻合的。同样，高性能计算的人均算力消费反映了一个国家的科技创新和技术实力。比如，2021 年 6 月发布的世界超级计算机 TOP500 榜单中，中国上榜的超级计算机算力总和占 19.4%，美国占 30.7%，我国超算算力的发展与我国的科技实力和经济发展的轨迹吻合。

对一个公司和企业来说，超算算力的发展也非常重要。2004 年前后，韩国三星公司的电子芯片设计团队所应用的高性能计算集群的规模已经达到 3000 台服务器以上，那个时候华为海思的芯片设计团队所应用的计算集群的规模只有 100 多台服务器。到了 2018 年，华为海思 EDA 设计团队应用的高性能计算的集群规模达到上万颗 CPU、几千台服务器的规模，这时华为手机也飞速发展，跻身世界三大品牌之一。早期的中国汽车企业使用高性能计算的不多，这是因为我们当时的汽车设计以逆向设计为主。随着新能源汽车日益受到关注，国产新能源汽车迎来了快速发展的大好局面，汽车行业对高性能计算的需求急速增长，随之而来的是国产汽车推陈出新的速度大大加快。可见，超算能力在一定程度上体现了一个企业的科技创新能力。

从最新的世界超级计算机 TOP500 榜单来看，中国超级计算机的数量占 37.6%，位居世界第一；但从超级计算机的算力看，美国位居第一，我国华为、浪潮、曙光的超级计算机上榜，但我们的超级计算机算力总和只占 19.4%。可见，我国的超算制造业虽然进步显著，但在性能方面仍和发达国家有较大差距，我国是"超算大国"，但还未成为"超算强国"。后续的超算发展应该更重质量，而非数量。国内超算领域的专家认为我国的超算发展有两大软肋：

1）我国的超算目前主要应用在气象、军事、航空领域，而国外的超算应用领域比较广泛，我国与国外在超算应用方面有差距。

2）在超算应用软件方面，我国几乎没有自己研制的超算应用软件，大部分超算应用软件的知识产权都掌握在外国人手里，而且几乎没有替代品，超算应用软件的挑战严峻。

超级计算作为高科技发展引擎，已成为世界各国在经济、国防、科研方面的竞争利器，在材料科学、生物化学、智能制造、国家高科技领域与尖端技术研究方面具有重要作用。在科研人员的不懈努力下，我国的超算研发飞速发展，成为继美国、日本之后的第三大高性能计算机研制、生产国，对我国的科学研究、创新发展起到了重要的支撑作用，也体现了我国的科技发展水平和综合国力。图 2.1 是多次夺得世界超级计算机 TOP500 排行榜冠军的坐落于无锡超算中心的"神威太湖之光"超级计算机。

图 2.1 坐落在无锡超算中心的"神威太湖之光"超级计算机

2.1.2 超级计算机与人工智能

人工智能（Artificial Intelligence，AI）已经成为当今世界科技的热点领域，人工智能领域的创新层出不穷，人们对人工智能抱有极大的期待。

早在 20 世纪 80 年代，作者[⊖]在读研究生的时候曾和同门讨论人工智能未来发展的方向，当时就曾预言，在棋类对弈方面，计算机一定会胜过人类，前提是计算机的计算速度足够快。1997 年，IBM 的"深思"之子"深蓝"向国际象棋大师卡斯帕罗夫发起了挑战，这一次，深蓝成功击败卡斯帕罗夫，成为首个在标准比赛时限内击败国际象棋世界冠军的计算机系统！下棋是个决策树问题，如图 2.2 所示。象棋决策树的规模大约是 40 ~ 80 步。以现代超级计算机的能力，采用一般的暴力算法就能完败世界所有象棋高手。当西方世界的智力游戏"沦陷"后，他们把目光瞄准了遥远的东方，中国的围棋是当时计算机无法攻克的一座高山。

无法攻克的原因很简单，就是算不过来！围棋的每一局有 150 步，每一步有 250 种可选的下法，相应地，计算机就要计算 250^{150} 步！再加上其中无穷的变化，如果采用暴力破解的方法，就算用世界上最快的计算机，也要算到天荒地老。随着谷歌的 AlphaGo 诞生，这一局面被打破。

⊖ 指本书作者张福波。

AlphaGo 在计算能力上并不出奇，制胜之处是其惊人的学习速度。研究人员采用先进的深度学习技术对其进行训练，在 AlphaGo 的核心中植入全新的算法，使得 AlphaGo 不再像自己的"老前辈"一样只会闷头算数，而是可以像人类棋手那样通过当前的棋局来推断未来的局面。换句话说，以前计算机每走一步，需要的计算量都是天文数字，有了人工智能算法之后，大大缩小了搜索树的范围，加快了计算的时间。最令人惊讶的是，AlphaGo 还可以和自己对弈，通过不断地学习，在短时间内让自己的棋艺精进，使搜索树更加精准！ 2016 年 1 月，AlphaGo 在实战中击败了欧洲冠军，震惊了世界。后来，AlphaGo 又连续击败韩国的李世石、中国的柯洁两位顶尖高手。通过 AlphaGo，人们直观地了解到了人工智能的强大，对人工智能的未来更加充满期待。

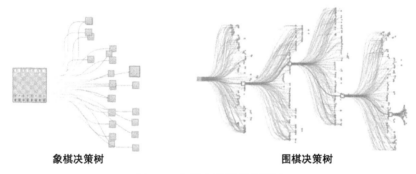

象棋决策树　　　　　　　　　　　围棋决策树

图 2.2　象棋和围棋的决策树

AlphaGo 战胜人类顶尖棋手后，有人预言：人工智能会战胜人类，进而统治人类。这一观点的代表人物是知名物理学家斯蒂芬·威廉·霍金，他曾经对人工智能做出预言：未来人工智能也许是人类的终结者。这里作者不想评论霍金的预言，还是回到前面说过的作者和同门关于人工智能的探讨上吧！其实，我们在 30 多年前已经对人工智能能否在棋类对弈方面战胜人类这个问题有了答案，所以后来看到 AlphaGo 获胜并不意外。当时我们还讨论到，在智能上，人类可能比不过人工智能；但在智慧方面，人工智能和人类差距很大。我们可以通过一个例子来说明智能和智慧的差别。比如，老王中午离开办公室出去吃饭，这时有人打办公室的智能电话找老王，老王的智能电话可以回答老王不在办公室。如果对方继续问：老王为什么不在？人类会很快回答："因为他去吃饭了"，而人工智能就无法回答，因为人工智能不知道老王出去吃饭和他不在办公室之间的因果关系。这就是上下文关系的问题，这个问题涉及的是智慧而不是智能。现在，人工智能的发展也证明了这一点，尽管人工智能在围棋上战胜了人类顶尖棋手，但是在智慧方面，人工智能只能达到 5 岁小孩的水平。

智力涉及人脑进行信息加工的能力。英国的心理学家斯皮尔曼将能力划分为一般能力和特殊能力，智力（Intelligence）属于一般能力范畴。可测量的智力也成为如今人工智能的理论基础之一。

智慧是一个人集智商、情商、挫商、爱商等诸多能力于一体的整体表征，它不仅是为了生存，更是为了改造和创造而拥有的优秀品质，是探究根本、融会贯通的高级境界。智力或许决定了能力的高低，而智慧决定的是关联的广度与深度。

超级计算机是成就人工智能的重要工具，尤其是在大数据引领下的人工智能、机器学习。超级计算机的性能直接关系到人工智能的应用范围、准确率和实时响应速度。回到霍金的论断，假定未来超级计算机能力无限、速度无限（比如量子计算机），那么很有可能发生"机器人取代人类"的情况。斯坦福大学教授、谷歌首席科学家 Yoav Shoham 称，他赞同霍金对于人工智能的评价，人工智能有激动人心的一面，但更要预防人工智能可能带来的一系列问题。而对于"机器人取代人类"的说法，Yoav Shoham 认为，未来人与机器的界限会越来越模糊，当人和机器融为一体，也就不存在机器取代人的可能了。

2.1.3　超级计算机与机器学习

我们用衡量超级计算机性能的 Linpack 测试标准来衡量人工智能机

器学习机显然是不合适的。对于超级计算机来说，需要的是双精度浮点运算能力，即要完成 64 位浮点数字（FP64）的计算，其衡量标准是"每秒浮点运算能力"（FLOPS）。人工智能机器学习机需要的是另一种专用算力，以满足推理或训练等智能计算方面的需求。由于 AI 推理或训练一般仅用到单精度甚至半精度计算、整型计算，并不需要高精度数值计算能力，因此专用 AI 计算机仅适用于特定的 AI 场景，其衡量标准是"每秒操作次数"（OPS）。

超级计算机能够提供 32 位或 64 位的高精度计算能力，应用范围很广。当然，超级计算机也能用于机器学习，而机器学习软件通常运行的是 16 位和 8 位的半精度运算，所以用超级计算机来运行 AI 运算的性价比不高。现代超级计算机提倡异构体系，比如在集群中加入处理半精度计算的 GPU 处理器，这种融合的超级计算机也能提供机器学习所需的能力。无论是超级计算的双精度运算，还是人工智能计算的单精度或半精度计算，未来的发展都需要巨大的算力。如果把提供巨大算力归类于超算的话，毫无疑问 AI 计算机也是超算的一部分。

2.1.4 超级计算机的应用领域

现在，超级计算机已经成功应用在很多领域，助力政务决策、科技发展和企业创新。下面列举几个超级计算机发挥重要作用的领域。

1. 生物科学与人类基因组：药物发现

在药物研发领域，一款新药的诞生周期极其漫长，从研发到上市，至少要经历 10 年。图 2.3 是一个新药诞生的大致过程。

在一些特殊情况下，这样漫长的研发周期是不利的。比如，用阿里云高性能计算技术专家孙相征的话说，在疫情分秒必争的背景下，时间尤为珍贵。因此，科学家们没有时间从零开始，而是选择从已有的药物里寻找可能用于治疗的药物，希望尽量缩短药物上市的时间。药物筛选实际上是找到适合的化合物，为了加快速度，科学家尝试通过计算机模拟分子化合物与靶点的相互作用，从而筛选出可能有效的化合物，再进一步做实验。在此过程中，超算提供了必不可少的支持。

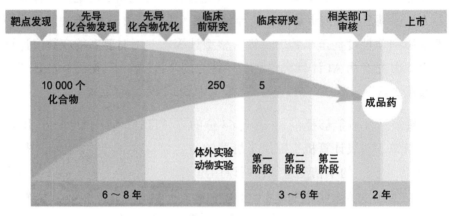

| 靶点发现 | 先导化合物发现 | 先导化合物优化 | 临床前研究 | 临床研究 | 相关部门审核 | 上市 |

10 000 个化合物　　　　250　　5　　　　　　　成品药

体外实验　　第一　第二　第三
动物实验　　阶段　阶段　阶段

6～8 年　　　　　　　3～6 年　　2 年

图 2.3　新药诞生的大致过程

例如，在寻找与蛋白病毒酶结合的小分子的过程中，由于存在不同种类或研究机构的配体（小分子）库，而配体（小分子）库数量巨大，每个配体库的配体数量成千上万，甚至更多，因此，通过实验方式一一测试、验证是不切合实际的。通过计算机数值模拟进行筛选，对不同配体的结合效果进行打分，筛选出打分高且结合模式合理的一些配体作为候选药物进行实验验证，能够有效加速药物的研究进程。

云计算的兴起也改变了科学家获取算力、享受超算服务的方式。比如，阿里云的 E-HPC 云超算产品能够让科学家以自助方式在云上搭建高性能集群系统，满足药物研发工作对计算平台的需求。此外，云上算力规模庞大且灵活，科学家可以按需购买，而不用担心因为算力规模而限制研发速度。

2. 计算机辅助工程：汽车设计与测试、运输、结构、机械设计

我们知道，汽车的安全直接关系到驾驶员和乘客的生命安全，尤其是正面碰撞的被动安全性是汽车安全性能的一个重要方面。在没有高性能计算和计算机辅助工程（CAE）前，汽车碰撞的被动安全性是通过物

理试验来测试的。一个车型的物理碰撞试验至少耗费上百万美元，耗时几个月甚至一年。引入计算机辅助工程和高性能计算之后，研发人员可以通过计算机来模拟实际物理世界的汽车碰撞，这样只需耗费几万至几十万美元，耗时则以天为单位计算。

如今，CAE 分析已成为汽车设计中一项不可或缺的流程，几乎每一款车型都要进行碰撞安全的 CAE 仿真分析（如图 2.4 所示）。汽车制造企业也积累了丰富的标杆车和设计车的分析经验与数据，可以根据不同需求设计出合理的安全车身结构，满足法规及行业标准的要求。比如，根据 C-NCAP 要求，在正面刚性墙碰撞试验中，汽车要以 50 km/h 的速度正面垂直撞击刚性墙。因此，车身的设计要能够吸能，以保护车内人员的安全，这些吸能设计主要集中在前保险杠、吸能盒、左右前纵梁等前舱结构中。由于正面碰撞试验侧重对约束系统的考察，因此要求车身结构，特别是乘员舱的结构既要设计得比较刚强，以保证乘员生存空间的完整性，又要能合理地分散碰撞能量，降低传递到乘员舱的力。利用 CAE 仿真分析方法，不仅可以输出碰撞过程中 B 柱、中央通道的加速度，前围板、踏板、方向盘的侵入量，以及门框变形量和各主要力传递路径结构的截面力等信息，还可以根据分析结果快速地修改主要吸能结构的材料、料厚及特征等参数，达到优化的目的。

图 2.4　汽车碰撞试验与碰撞安全的 CAE 仿真分析

3. 其他领域的应用

超算在如下应用领域也有非常深度的应用：

❑ 化学工程：如过程与分子设计，典型的应用有 NWChem 和 GAMESS-US 软件。

❑ 数字内容创作（DCC）和发行：如电影和媒体中的计算机辅助图形设计，典型应用有 Maya 和 3DMax。

❑ 经济学与金融：如华尔街风险分析、投资组合管理、自动化交易等。

❑ 电子设计与自动化：如电子元件设计与验证。

❑ 地球科学与地球工程：如油气勘探与储层建模。

❑ 机械设计和绘图：如 2D 和 3D 设计和验证、机械建模。

❑ 国防与能源：如核管理、基础与应用研究。

❑ 政府实验室：基础和应用研究。

❑ 大学 / 学术：学科的基础和应用研究。

❑ 天气预报：如近期和气候 / 地球模拟。

❑ 人工智能：如深度机器学习。

应用超算是为了更快地解决问题，进行更好、更科学、更明智的决策，创造更有竞争力的产品，以及获取更多的利润。超算能够带来巨大的竞争优势，在工业制造领域倡导的数字孪生中，数字化设计、制造能够帮助用户快速建模、仿真，通过虚拟现实技术全方位地看到产品的性能和表现，以指导实际的产品生产和控制。通过计算机的仿真，用户可以看到汽车在空气中移动时的气流和动点，而在物理模型的风洞试验中几乎不可能实现这样的效果；工程师可以尝试无限多种方案和组合，以优化现有产品和工艺，进而降低成本，还可以探索用更低的成本和更快的时间将产品推向市场。

4. 超级计算的非典型应用

超级计算在科技、制造等领域的应用已经众所周知，除此之外，超级计算还在很多令人意想不到的地方发挥着重要作用。

（1）金融领域

很多人不知道，超级计算也可以用在投资领域。美国排名前一百的超级计算机中，很多被用于华尔街的高频交易。高频交易是指利用极短时间内的股价波动进行频繁交易，在毫秒甚至微秒波段赚取微小的收益，积少成多，最终赚取高额净利润。而帮助投资者的就是拥有每秒万亿次以上计算能力的超级计算机。

美国的知名投行（如摩根大通）还利用超级计算机保证投资交易的可靠性。比如，客户会打电话给投行询问某基金的价格，但是基金的价格并不是固定的，而是根据当时的市场行情计算出来的，如果报价高了，客户可能选择其他投行；如果报价低了，则有可能造成投行亏本。此外，投行的交易员必须在秒级时间内给出报价，否则客户会因为等待时间长而挂断电话。幸运的是，交易员背后有超级计算机的支持，它可以在秒级或毫秒级给出答案（如图 2.5 所示）。完成这类工作的超级计算机的规模可能是几千台 SMP 小型机组成的集群。可以看出，金融业是超级计算机重要的应用领域。

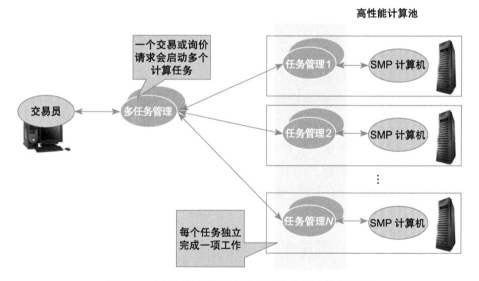

图 2.5　应用超级计算机的投行投资交易和询价系统

（2）空气薯片动力学

很多人都喜欢吃薯片。但是，又香又脆的薯片很容易在运输过程中因为摇晃或搬运不当而被压碎，消费者不喜欢购买碎了的薯片，对于厂家来说这就意味着损失。于是，美国品客薯片公司的技术人员开始研究如何设计薯片的形状，使薯片变得抗压而不易碎。最终，他们想到了采用双曲抛物面的"马鞍形"薯片（图2.6所示就是我们现在常见的薯片形状）设计方案，那么，这种形状的薯片是否能达到抗压、不易碎的要求呢？研究人员利用超级计算机进行了大量实验，模拟、仿真薯片在不同情况下的抗压和不易碎性。无独有偶，宝洁公司也利用超级计算对婴儿尿不湿的设计方案进行建模与仿真，以保证尿液不会渗漏出来。

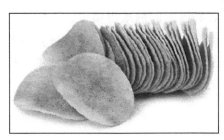

图2.6　具有双曲抛物面的薯片设计方案

（3）设计优化

再来看一个通过HPC进行优化的案例。有一家洗衣机企业，经常因产品表面的划痕和外观破损而影响产品销售，即使能销售，也会因为有瑕疵而不得不降价，所以减少产品破损关乎企业的营收和声誉。企业调研后发现，产品表面破损是在洗衣机出厂后运输至零售商的过程中因挤压而造成的，于是他们想到用HPC来模拟产品的运输过程。通过这一方式，他们不仅发现了问题，而且重新设计了包装材料和作为包装一部分的固定夹具。解决产品表面的划痕和破损问题后，企业的收益得到大幅提升。

通过上面的例子可以看出，算力已经逐渐成为行业发展、产品研发的刚需。在我国，新能源汽车、高端制造、基因生命科学这些新兴产业需要大量的算力；在城市监控、飞机和高铁沿线的安全监控领域，需要布置海量的摄像头来对紧急情况预警或进行故障排除，这也带来了巨大的算力需求，一般来说，前端每增加约50万个摄像头，后台就需要一台超级计算机。可见，超级计算已经成为保障国家安全和城市运行的重要助力。

2.2　超级计算机与工业智能制造

众所周知，制造产业涉及许多行业，从产业上游到下游，形成了一个覆盖全球的生产、销售产业链。制造业在最近十年显现出强劲的上升趋势。在这个不断增长且竞争激烈的市场中，供应链上的所有制造商都要以低成本提供高质量的产品，同时面临提高产品生产率和缩短上市时间的挑战。

换句话说，在制造业中，新产品发布的周期越来越短，产品的成本要求越来越低。比如，飞机发动机生产商原来的设计研发周期以年为单位，现在必须以月为单位来规划研发周期；在芯片制造领域，也是谁先发布谁就能赢得市场先机。在市场竞争中，谁能在短时间内拿出成熟的产品和方案，谁就能在激烈的市场竞争中站稳脚跟，获得更多的利润。

为了克服这些挑战，制造行业通过一系列新的数字技术来完善现有的计算机辅助设计（CAD）、计算机辅助工程（CAE）和计算机辅助制造（CAM）工具（如图 2.7 所示），加速数字化转型。

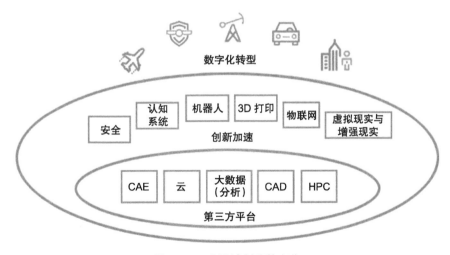

图 2.7　工业设计制造数字化

这些新技术包括：

☐ 3D 打印技术（3D 打印机、机器人和自适应控制加工）。
☐ 智能成品（如使用物联网的联网车辆）。
☐ 大数据分析（对产业链上那些快速增长的、多样的、多变的海量
   数据进行分析）。
☐ 新型人机交互技术，比如触摸设备、语音和可视化处理技术、机
   器学习和人工智能等。

这些新技术加上无处不在的互联网连接、高性能计算、可扩展存储和
数据管理系统，为制造商在整个产品生命周期中收集、聚合和分析数据提
供了前所未有的能力。从概念设计、虚拟和物理产品开发到售后服务的数
据都可以进行整合和分析，有助于制造商进一步提高生产效率，优化产品
线的维护，深入了解消费者对产品的使用模式，最终减少风险、提升收益。

2.2.1　CAE 的下一个时代是数字孪生

基于数字孪生的虚拟产品开发在产品设计和开发领域已经应用了数
十年。利用 CAE 相关技术，可以缩短产品生产周期、优化设计、防止
代价高昂的返工。有研究机构预计，CAE 软件市场的年增长率将超过
11%，到 2026 年，年生产总值会突破 97 亿美元。

利用虚拟产品可以实现丰富、高度精确的物理产品模型。这些模型
可以详细描述物理产品在三维几何、材料特性、公差、作用力、边界条
件等方面的信息。有了这些虚拟产品，工程师就可以大胆地、不受拘束
地设计和测试新产品，无须实际构建昂贵的原型，进而避免大量物理试
验的失败，使企业更专注于产品设计本身。在正式投入生产前，通过虚
拟产品可以在设计早期发现问题，降低企业风险，减少保修成本，避免
产品失效导致的损失，甚至减少潜在的法律隐患。

在过去的十年中，针对仿真、设计和优化复杂的系统，多学科 CAE

（如图 2.8 所示）和迭代设计的探索研究越来越受到关注。

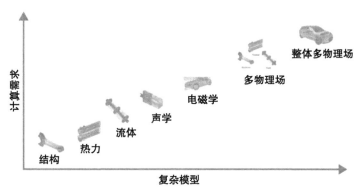

图 2.8　多学科 CAE 的发展

多学科 CAE 需要对多种类型、结合在一起的物体进行仿真，研究它们如何在系统和部件间以及在各种条件下相互作用。这类模拟仿真使用非常详细的几何模型（大网格）来准确模拟复杂产品在真实环境中的行为。在一个巨大的网格上，设计探索和优化研究需要集成成千上万个操作场景并进行参数分析，复杂情况下会有十亿个或更多的单元。

这种多学科 CAE 的设计工作对 HPC 和存储基础设施产生了极大的需求。同时，CAE 本身也在不断进步，以处理复杂的智能互联产品。如今，许多智能产品不仅包括机械部分，还包括电子部件、软件、数据系统等，这就是一个复杂系统的产品，比如有自动驾驶功能的汽车、带有边缘计算功能的计算机设备、新型传感器等。设计、开发、制造、服务和运营这些智能互联产品也对当今的 HPC 系统提出了挑战。

迄今为止，CAE 主要用于产品开始生产之前，而 CAM 工具能帮助工程师模拟整个工厂，并预测它在现实世界中的运作。今天，在物理产品的整个生命周期中会收集大量的数据。从制造执行系统（MES）开始，到仪表、激光系统、视觉系统和工厂车间的扫描仪都会产生大量的数据，还有来自现场的服务或产品保修数据，甚至包括来自运行车辆或系统的实时传感器或遥测数据。这些数字代表了"数字孪生"——数字世界和实际设备、工厂或产品的状况，提供了实际生产过程中和实际产品运行时的详细数据。工程师可以使用来自数字孪生的数据，设计更好的模型来改进虚拟产品设计和 CAE 过程，从而缩短设计、开发和生产周期。最终达到降低成本、提高产品质量的目的，并开拓了一条通向稳健预测性维护的道路。Gartner 的调查显示，数字孪生正在成为主流，75% 的实施物联网的组织已经使用数字孪生或计划在一年内使用。德勤（Deloitte）在 2020 年的新技术趋势报告中，预计数字孪生市场 2025 年将增至 358 亿美元。我国得益于物联网、云计算、人工智能新技术的发展，据不完全统计，2021 年已有 15 家数字孪生企业完成超过 10 亿元的融资。

数字孪生提供了一种新的产品设计和制造方法，例如，设计工程师可以通过可视化的方法展示现有的三维虚拟模型，并覆盖上实际尺寸的数字孪生物理产品。通过两个重叠的模型和产品的视觉对比，就可以立即看出虚拟模型和物理产品之间的差异。在整个协同设计的供应链中，工程师们可以在生产阶段进行精准的修正。这是一个非常有价值的工具，能给制造业带来更高的生产力、更好的精度和更高的质量水平。

工程师还可以将来自实时传感器的数字孪生数据输入虚拟模型，从而更好地预测产品异常或故障。典型的数字孪生工作流如图 2.9 所示。这有助于工厂车间和专业服务人员提高生产设备的性能，最大限度地减少计划外停机时间，提升可靠性和质量，降低维护成本。更重要的是，生产和工程管理人员可以对多个工厂、多个产品生命周期和供应链运作进行优化，以更好地利用资源设备、库存和人力，提高企业业绩和利润。然而，随着数据的数量、种类和速度在整个价值链中呈指数增长，通过这些数据产生及时的、可操作的预测结果是非常具有挑战性的，这需要高可用、可扩展的 HPC 解决方案。

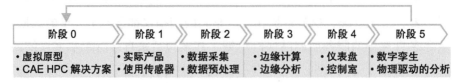

图 2.9　典型的数字孪生工作流

2.2.2　人工智能结合 HPC 提升制造效率

现在，一些企业正在尝试结合人工智能的自学习能力和高性能计算的并行处理系统的优势来制订业务流程，期望用更短的时间完成更多的任务。各垂直行业都希望加快数字化进程，充分利用 HPC 和人工智能的能力，同步更新数据并通过数据分析来对生产新的产品和服务进行决策。

Market Watch 预测，因为企业持续将人工智能融入其运营过程，基于 HPC 的人工智能的收入每年将增长 29.5%。此外，随着人工智能、大数据的发展，以及对更大规模的建模和仿真工作的需求，HPC 用户群将不断扩大，特别是汽车、制造业、医疗保健等高增长行业开始采用 HPC 技术来管理大型数据集并扩展其应用。

例如，制造企业为了提高业务效率，将 HPC 应用在从设计、供应链到产品的交付的过程中，并收到很好的效果。Hyperion 公司的一项研究表明，制造业每投资 1 美元用于 HPC，就会产生 83 美元的收入和 20 美元的利润。

同样，制造企业还可以利用人工智能和机器学习来加速创新，洞悉市场变化，开发新的产品和服务。制造企业已经将人工智能引入其业务的三个方面：操作程序、生产阶段和后期生产。AI 本身就需要 HPC 资源来处理海量的生产数据和进行机器学习。麦肯锡的一份报告显示，制造业投资在人工智能方面后，预计年营收增长率将达到 18%，高于所有其他行业。人工智能投入的增加也必将带动 HPC 投入的增长。

通过 HPC 和人工智能优化流程，制造企业可以实现最佳性能和高质量的产出，特别是用 HPC 资源来运行人工智能应用程序，能够预见问题、改进产品开发过程、改善端到端的供应链管理。此外，制造企业的 M2M 会产生大量有价值的数据，通过 HPC 来运行复杂的程序并快速进行数据分析，可以保证基于大型数据集得出的分析报告的准确性。将 HPC 与 AI 应用结合，还有助于生产系统自动进行实时调整，减少故障时间，提高产品质量，加快产品上市时间，并使生产过程更加敏捷。

在工业物联网（IIoT）中，计算机视觉摄像机已在机器检测中大量使用。通过结合 AI 和 HPC 的能力对这些数据进行分析并利用人工智能技术，可以检测机械故障，及时进行维护。这不仅有助于优化供应链，而且有助于建立预测模型，加快产品开发过程，提高产品质量。

AI 除了应用在操作程序、生产阶段和后期生产三个方面，也开始应用在 CAE 方面，这是因为 CAE 要支撑产品设计的高级别建模和仿真。我们知道，工业设计就是在海量的可能方案里找到最优或者比较好的方案的过程（类似下棋，要考虑各种可能性），这就需要在 HPC 平台上将 CAE 的运行和 AI 结合，以便筛除不可能或不好的方案，使工程师在数量有限的可选方案中，找到最好的方案。显然，CAE 和 AI 的结合将加快产品开发速度，提高质量。

在制造业中，HPC 的投入会越来越大，这和用户对产品的要求越来越高有关。所以，HPC 系统会越来越庞大、越来越复杂，运维挑战会更大，成本也会增加。于是，提出了一种新的思路——智能运维，就是利用 AI 技术改进 HPC 系统的投资、运维和故障告警流程，优化资源，以减少 OPEX 成本。HPC 和人工智能工具的融合可以发挥强大的功能，帮助制造业实现高质量的产品开发、提升供应链管理能力、减少数据集分析、预测的误差，实现最优的 IT 性能。

2.2.3　工业 4.0 和 HPC

通俗地说，工业 4.0 是"以信息物理系统为基础的智能化生产"。很多人会从物联网的角度出发来看待这个概念，认为就是把物理设备连接到互联网上，然后实现计算、通信、精准控制和自我管理，最终实现智能化生产。这当然没错，但不能忽视 HPC 在整个工业 4.0 中所起的作用。

前面说过，在制造业中，一个产品要经历从绘制设计图到建立 CAE

模型，然后进行仿真、分析、测试、产品改良再到产品定型，产品定型之后还要进行再测试，最终才能实现量产。这个过程中包含非常多的步骤，每一个步骤都不可或缺（图 2.10 展示了工业设计与制造的全过程）。但是，从时间和成本的角度考量，虚拟、仿真阶段所花的时间最少、成本最低，一旦进入实体产品阶段，耗费的时间和成本会大幅度提升。如果能在整个产品定型之前，尽量通过虚拟产品实现对现实情况的模拟和验证，就可以缩短企业研发产品和产品上市的时间，加快企业的创新速度。

要实现精准可靠的建模、分析，就会对仿真工具的计算能力提出挑战。比如，在 CAE 的前处理、有限元分析和后处理过程中，对数据的分析和图形展示能力有很高的要求。这种情况下，HPC 可以帮助企业完成精准、可靠的仿真模拟分析过程，促进企业甚至整个工业制造业的创新。

图 2.10　工业设计与制造的全过程

劳斯莱斯（RR）因其生产的豪华汽车以及英国王室的标配汽车而闻名于世，但很多人不知道，它还是成功的发动机制造商，其开发的 Trent XWB 发动机是空客 A350 XWB 的唯一动力系统（如图 2.11 所示），据称也是劳斯莱斯销售最好的发动机。与前代发动机相比，Trent XWB 可以节省20%的油耗，每年在每架飞机上能为航空公司节省约200万英镑，而这种能效的提升有赖于使用了基于HPC运行的CAE/CFD仿真工具。劳斯莱斯公司构建了HPC集群来完成大量的CAE仿真计算。通过HPC，利用仿真和虚拟产品环境，在给定的设计周期内能够按精准度要求完成建模和分析，极大提升了效率。

美国知名的科学与工程研究实验室之一——阿贡实验室也借助超级计算机在碳纳米管电极锂离子电池研究中取得了突破性进展，通过对电极、结构的研究，使电池能量增加了近2倍，为新能源汽车的开发提供了重要的助力。

图 2.11　航空发动机

HPC还在很多领域发挥着重要的作用。比如，石油勘探企业一直是HPC的忠实用户。随着勘探节奏越来越快，要求的处理周期越来越短，同时还要实现更高的精度，于是所需的算法也越来越复杂、数据处理需求越来越大，相应地，对HPC的能力需求越来越高。如果选用的算法准确度不高，导致选定的打井位置有误，就会带来巨额的成本损失。企业通过在算法和高性能计算上进行投入，有利于更精准地选址和工作，带来更大的回报。

HPC与现代工业应用已经密不可分。除了上述这些高、精、尖的工业和制造业领域，高性能计算还在许多传统领域发挥作用，比如卡车运输。卡车大部分时间都处于工作状态（行驶在道路上），它的动力来源主要是汽油，行驶中的卡车会推动空气，空气又会对卡车产生阻力，这样会增加油耗，产生更多的能源消耗及费用。而且，为了防止在行驶过程中轮胎卷起路上的泥土或碎石等杂物击中卡车，几乎所有的卡车都装有挡泥板，挡泥板又会为卡车带来更多的阻力与汽油消耗，所以卡车制造商希望改进相应的装置，以减少能源消耗和卡车的损耗。研究人员利用HPC工业仿真平台准确计算了挡泥板大小、形状，设计出一套更为节能的优化方案，使每一辆卡车一年的汽油费用减少了400美元。虽然听起来这些费用不算多，但当你拥有1000辆卡车的车队时，节省的费用就非常可观了。研究人员还尝试使用HPC帮助设计卡车的其他装置和设备，以提高卡车的工作效率，从而节省更多的成本、获得更多的收益。

2.3 超级计算机与人工智能、大数据的融合

2.3.1 超级计算机与人工智能、大数据融合是必然的趋势

人工智能的概念早在20世纪50年代就被提出了，但人工智能飞速发展则是最近几年的事情，这得益于两个关键因素的突破：一是超级计算机的发展为人工智能计算提供了便宜和强大的计算能力，二是有了基于神经网络的机器学习技术和算法。有了人工智能，可以用计算机创建比人类预测精度更高的数据推导模型。AI技术快速普及后，推动了科学、算法、软件和硬件实现飞跃式发展。

英特尔研究员兼并行计算实验室主任 Pradeep Dubey 指出："在高性能计算基础设施领域，人工智能的应用对于实现人工智能的愿景至关重要：机器不仅能够分析数字，还能帮助我们做出更出色、更明智的复杂决策。"

基于神经网络的机器学习需要足够的样本数据来训练和学习，以便人

工智能做出更明智的决策，提高自动化决策的能力。所以，将更大、更复杂的数据集用于机器学习意味着需要更强大的人工智能功能，比如图像识别、人脸识别就是这方面的典型例子。人工智能还能帮助人类做判断和决策，比如根据医学和生物学的影像判断肿瘤，天文学中会根据射电望远镜每天收集到的海量数据判断是否有外星生命的信号。

人工智能面对的问题边界可能是无限的、千变万化的，这要求支撑人工智能计算的超级计算机系统的可扩展性要好，换句话说，就是不要让算力拖了人工智能的后腿。HPC 系统要满足不同学科和应用的各种计算任务是一个不小的挑战，传统的高性能计算任务（如建模和模拟）的重点是运行蒙特卡罗算法，而在高能和天体物理学领域，重点则是使用深度学习来检查图像。

还有一类应用使用的是非结构化数据，如远程传感器、摄像头、电子显微镜、测序仪等工具收集的数据都是非结构化的。非结构化数据往往比较杂乱和不规则，我们要花费大量时间来清洗并提取有用的信息（数据清洗），这些结果数据才能用于人工智能系统的训练。另外，人工神经网络（ANN）系统能够容忍"不干净"的数据、噪声数据或互相矛盾的数据，其输出结果还是稳定的。

人工智能属于数据密集型应用，在与高性能计算相互融合后，高性能计算平台不仅运行计算密集型应用，还可以运行数据密集型应用，为人工智能提供算力支撑。人工智能软件与硬件的解耦，使得人工智能的算力不仅仅来源于超级计算机，还可以来源于云计算、边缘计算、小型服务器等，对未来的硬件架构的兼容性也没有影响。

高性能计算赋能了人工智能，使得人工智能越来越强大；同时，人工智能也帮助高性能计算解决复杂问题。一个典型的案例就是棋类的博弈，比如围棋，在没有引入人工智能前，计算机下棋的每一步面临的都是一个天文数字的选择路径，就算世界上最快的计算机也算不过来。引入了人工智能和机器学习后，局面就完全不一样了。引入人工智能技术可以解决以前高性能计算无法解决的问题。

人工智能的核心技术就是基于人工神经网络的机器学习，是科学家模拟大脑中神经元的运行原理而开发出来的，深度学习则是利用人工神经网络通过大量的实验数据训练得到的。

在机器学习训练方面，其计算费用非常昂贵的，有些训练模型需要运行几天、几个月，甚至更长的时间。所以，我们不能"傻"算，而是要对 ANN 模型权重和参数进行调优。通过优化过程的每个步骤，最大限度地减少基本事实错误，从而极大化地并行运行训练和推理，提供快速、准确、低误差训练数据模型。

正如 Rob Farber 在《人工智能与高性能计算正在融合》一文中提到的，人工智能的机器学习是个大数据问题，系统的可扩展性是必要条件。打个比方，假如我们要模拟一个非常粗糙、复杂和崎岖不平的砾原表面，存在大小各异的许多拐点，它们共同界定了所有石头和凹坑的位置以及形状。现在，当我们尝试拟合数百或数千倍尺寸的砾原时，拐点的数量就会呈指数级增长。因此，需要使用海量的数据来表示所有重要的拐点（例如凸块和裂缝），因为拐点的数量非常巨大。这就解释了为什么训练通常被认为是一个大数据问题。

回忆一下前面提到的谷歌的 AlphaGo。在下围棋时，每一步的决策树有 10^{360} 种可能性，涉及的计算量是一个天文数字，要在这个天文数字中找出必胜的路径，只有依靠超级计算机才能做到。这是训练模型和准确性在时间轴上的博弈，而超级计算的可扩展性就成为必要条件。对于一般的机器学习模型而言，训练以线性的方式扩展，需要成千上万个计算节点来实现每秒千万亿次计算。对于更加复杂的深度学习而言，要获得突破就需要应用超级计算机。美国斯坦福大学、美国国家能源研究科学计算中心（NERSC）和英特尔就合作了一个千万亿次超级计算的训练案例。

可见，超级计算机的引入改变了游戏规则。要想利用人工智能解决世界性难题或重大挑战问题，关键在于是否拥有更加先进的超级计算机。人工智能在替代人工重复劳动方面取得了卓越的成绩，人脸识别、自动驾驶都已作为人工智能的代表技术得到广泛应用，给人们的生活带来极大的便利。

自 2013 年以来，中国的超级计算机一直在全球超级计算机排行榜上位居第一。2018 年，Summit 超级计算机将美国带回超算领域的顶峰。这台超级计算机（如图 2.12 所示）是由 IBM 和英伟达合作开发的，它的峰值计算能力可以达到每秒 20 亿亿次。值得一提的是，Summit 是第一台既支持传统计算，也支持人工智能应用程序的超级计算机，机器学习和神经网络等都可以在其上实现。

图 2.12　IBM Summit 超级计算机

人工智能和超级计算也是相互依存的。超级计算机虽然能提供强大的算力，但面对的问题规模也越来越大，人工智能就像给超级计算机装上了"瞄准镜"，能大大缩短问题求解的时间。当人工智能和超算结合在一起时，必然引爆人们的想象空间。人工智能只有在强大算力的支持下，通过将成熟的算法与大数据结合，才能真正实现颠覆式创新。算力、算法和数据的进步是 AI 发展的基础。AphlaGo 之所以能接连战胜人类顶尖围棋选手，一方面得益于蒙特卡罗算法的突破，另一方面，AI 服务器性能的提升、数以万计的棋手对弈大数据也是不可或缺的要素。在人工智能的生态中，算力、算法和数据三大基石缺一不可（如图 2.13 所示）。算力负责提供足够的计算能力；算法使计算更加智能和有效；大数据是 AI 的"养分"，如果没有可供训练的数据，人工智能就是无根之树、无源之水。

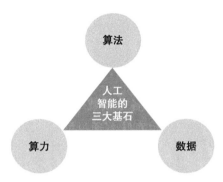

图 2.13　人工智能的三大基石

目前，大量应用在算力上遇到了瓶颈，科学家们也在不断探索超算的性能极限。在摩尔定律即将失效的今天，超算在追求性能的同时需要应对不断提升的功耗挑战，AI 在功耗优化上可以大显身手。超算系统的超强算力可以让 AI 提高效率，插上加速的翅膀。在智能运维系统中，人们可以根据超算中心系统实际运行产生的数据，帮助系统管理员实现更优化的资源分配和能源管理。随着人工智能和机器学习的普及，AI 在超算系统中的应用也会越来越多。

目前，人工智能已在机器学习方面实现了突破，但要在应用层面进一步取得突破，还面临三大挑战：

1）数据方面：机器学习需要大量的数据，其中既有结构化数据，又有非结构化数据，如何打通数据类型、结构的壁垒，让大数据能被有效利用是一大挑战。

2）人才方面：人工智能是一个全新的科学领域，有很多大学刚刚设立这个学科，目前人工智能方面的人才还非常紧缺，在人工智能应用日益快速增长的今天，人才的短缺已成为重要挑战。

3）资源方面。人工智能不但需要强大的算力，也需要巨量的存储来保存海量数据，同时，人工智能算法的多样性也导致了应用的多样性，这就需要异构计算机系统来处理不同应用。多种计算硬件和架构在执行和管理方面有很大的挑战。

对于超算而言，"应用难"则是最大的挑战，主要体现在四个方面：

1）问题程序化难。科研人员难以将专业知识转化成超级计算机能够识别的语言。

2）数据快捷传输难。对于各个领域来说，需要超算分析和处理的应用模型都是很大的量级，这也意味着通过网络将模型上传到超算中心需要漫长的时间。

3）全程自动化处理难。超算数据自动处理能力差，且由于平台的特殊性和应用的专门性，仅凭用户个人很难对所有的程序进行有效监管，在出现错误时也很难第一时间发出报警。

4）数据应用难。超算数据的应用是超算的终极目标，项目结束后需要提供对应的数据报告，对项目的结果进行分析，这是用户非常关心的事情。如果依靠人力，超算数据的应用依然是非常耗时且烦琐的工作。

若能成功解决上述问题，HPC+AI 将组成"超级人工智能"，极大地改变我们的社会。随着科技的进步，数据呈爆炸式增长，大数据又为人工智能提供了"燃料"，而这又会给计算能力带来指数级的增长需求。世界发达国家都把发展超算算力作为国家的战略和科技创新的重要支柱，毫不夸张地说，超算算力将成为高科技领域如水、电般的基础设施。

2.3.2 融合的案例

如今，我们面临着超级计算 E 级时代的到来。与以往相比，问题的规模已不可同日而语。比如，现在每天产生的天文观测数据约为 15 TB；射电望远镜（如图 2.14 所示）每天约产生 EB 级的巨大数据量；ITER 是一个能产生大规模核聚变反应的超导托卡马克装置，俗称"人造太阳"，其核聚变的能量是以 30 倍速增加的；LHC 的粒子加速器产生的数据是以 10 倍速增长的。

图 2.14　射电望远镜

当 E 级问题出现时，HPC 已不能再靠蛮力计算了，因为无论是时间成本还是巨大的基础设施投入都得不偿失。所以，HPC 要和 AI 融合，AI 和 HPC 结合才能有效地处理好 E 级问题。一个 HPC+AI 的 E 级系统如图 2.15 所示。

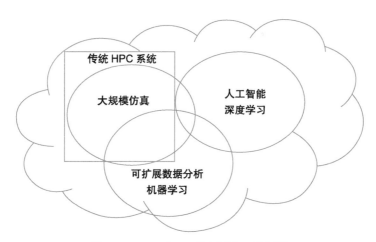

图 2.15　HPC 和 AI 融合解决 E 级问题

E 级问题实际上是在一个巨大的样本空间里寻找答案，无疑是耗时耗力的。引入人工智能和机器学习方法，通过大量经验数据，可以缩小样本空间，缩短找到答案的时间。在芯片设计领域应用 AI 技术，可以通过深度强化学习完成芯片布局，生成可行的芯片设计方案。例如，由 Jeff Dean 领导的谷歌大脑团队以及斯坦福大学计算机科学系的科学家们利用 AI 技术，在不到 6 小时的时间内自动生成了芯片平面图，其所有关键指标（包括功耗、性能和芯片面积等参数）都优于或与人类专家生成的设计图效果相当，而采用传统的人工处理往往需要数月的紧张工作才能达到同样的效果。

为解决复杂的芯片布局规划问题而开发的这种强化学习方法，能够跨芯片进行推广，这意味着它可以从经验中不断学习，更快、更好地提出放置新芯片模块的方案，从而使芯片设计师能够得到 AI 的协助，且这个 AI 助理的"经验"比任何人都丰富（如图 2.16 所示）。

图 2.16　AI 助力芯片设计

但训练跨芯片的 AI 布局策略非常具有挑战性，因为系统需要学习优化所有可能的芯片网表到所有可能的芯片画布上的布局。

结果证明，利用 AI 进行芯片设计布局是有效的，不仅能生成高质量的模块放置方案，也能满足实际设计标准的要求，在面积、功率和线长方面优于或不亚于人类专家手动放置的效果。

第 3 章

超级计算机的建设与管理

俗话说，千里之行始于足下。超级计算机的建设是一项复杂工程，任何一个环节出现问题都会影响整个超级计算集群的运行。我们平时使用的计算机都是中小规模，而有些技术问题要在计算机系统规模达到一定程度后才会显现出来。本章将从超级计算机建设、服务器、网络、存储以及作业管理和调度系统方面阐述作者多年来总结的实践经验。

3.1　超级计算机的集群建设

3.1.1　建设 HPC 集群前需要了解的知识

过去，当你想部署一台超级计算机时，可以直接联系超级计算机公司，告知你的需求。几个星期或几个月后，你就会得到一台新的超级计算机（标价高达百万到千万元人民币）。当然，超级计算机公司会提供相应的服务，包括培训你的员工如何使用它；提供相关用户 / 系统管理员手册；当系统有更新或更改时，厂商会做测试，然后移交给你的系统管理员；用户还可以通过厂商的技术支持电话得到有关问题的解答。曾几何时，超级计算机系统是由一家公司完成整合的，或者说与厂家绑定的，而绑定的往往是硬件，尤其是一些专门的浮点计算处理器。

那时，超级计算机是奢侈品，只有大规模的企业才能部署使用；如今，超级计算机几乎成为大众消费品，任何组织都可以有效地部署。这要归功于通用的 x86 集群的引入。

早期的超级计算机虽然功能强大，但也有一些缺点。比如，价格相当高，部署一套超级计算机系统要花费数百万元到数千万元。毫无疑问，企业的领先优势来自高成本。成本高是因为这些系统需要大量定制工作。极高的性能是通过专门的处理器和存储器系统实现的，这才能使浮点计算在矢量计算机上算得越来越快。随着超级计算机系统性能的提高，设计和制造定制处理器及其他组件的成本也在增加。与此同时，计算机市场上 x86 处理器的应用快速增长并逐渐成熟。x86 通常被认为是办公处理器，并不擅长浮点计算。但随着浮点计算单元被集成到 x86 处理器中，情况发生了变化，新一代 x86 处理器的性能显著提高。

现在，商品化的系统一般都基于 x86 多处理器（多 CPU）架构，一个物理处理器可能包含多个微处理器，这种微服务器称为核（Core），这也是"多核处理器"这一名称的由来。

一直以来，传统超级计算机的处理器使用的是专用芯片，制造成本非常高。当速度要求越来越高，专用处理器的成本增加到一定程度，设计和制造专用处理器也行不通了，因为性价比不合适，得不偿失。

于是，人们换了一种思路，将大问题分解为较小的子问题，通过处理器集群来处理问题，可以达到与超级计算相同的性能水平。这类似于要去探险是花大价钱买一匹最好的马，还是花少量的钱买一群狗的问题。事实上，随着 AMD 等公司的商用处理器的改进，服务器集群（集群中的每个服务器通常被称为节点）的运算速度开始超过最快的超级计算机，这就使得超级计算机的建设思路转向了使用通用的计算机处理器而不是专用的芯片。

与此同时，一场规模不断扩大的开源软件运动正在进行。支持类 UNIX 环境所需的许多软件工具都可以基于 GNU 软件许可证免费下载。Linux 操作系统的出现具有里程碑意义。UNIX 是当时事实上的超级计算机操作系统，Linux 本质上是 UNIX 的即插即用（plug-and-play）替代品。另外，Linux 是开源的，任何人都可以在开源协议的框架下免费使用。

另一个推动通用计算机集群发展的动力是互联网。互联网的作用体现在两个方面。首先，它激发了对 Web 服务器的需求，提出了对一个低成本、高密度的 HPC 集群和数据中心的需求。其次，互联网为全球合作开辟了道路，解决了许多早期的问题，整个开源社区也是围绕着解决小问题而发展起来，同时互联网又推动了开源软件项目的快速发展和应用。

千禧年前后，超级计算机的成本已经从百万元降低到万元级别，这使得更多人可以进入 HPC 这个以前只是少数技术精英的"俱乐部"。价格与性能之比是采购 HPC 系统的关键性指标。在这个阶段，这一指标至少改善了 10%，这也为更好地利用 HPC 打开了一扇门。

随着通用 HPC 集群解决方案出现，有一个问题越来越明显：建设一个集群所需的组件可能来自许多不同的厂商，而不是由一家公司提供的。例如，计算节点可能来自一家供应商，而网络则来自另一家供应商。如果需要添加一个大型存储组件，那么可以再引入一个新的供应商。软件也很分散，有许多开放软件包可供 HPC 用户选择，开源的 Linux 也有许多发行软件包供用户选择。但是，要想获得一个好用的 HPC 系统，就要将这些开源软件包和商业应用软件包进行很好地集成，这对最终用户来说不是件容易的事情。

这种不与一家厂商绑定的情况有利也有弊。从好的方面来说，用户可以有更多的选择，可以通过优化选择将投资用于那些特殊的 HPC 部件，把钱花在刀刃上，而不是像投资传统超级计算机那样，不管功能和部件是否有用都得花钱购买，因为都是标准产品，无法做出任何选择。此外，由于客户有了更多的议价权和选择余地，因此能确保硬件价廉物美，并具有成本效益。

不好的一面在于，对于资深用户来说，设计和选定 HPC 集群是没有问题的，但技术新手们就没有那么幸运了，能否正确选择硬件和软件决定着项目的成败。

把事情做对是超级计算机集群集成和实施中很难的工作。除了设计，项目的实施和交付也是个问题，因为市场上仅有少数厂商专门从事 HPC 集群的设计和建设。在集成大规模的硬件和软件方面，兼容性是经常遇到的问题，这是由于集成商通常不是硬件和软件的原厂，谁是解决这些问题的责任人并不明确，因此，选择合适的、有经验的集成商／供应商是非常重要的。

选择正确的供应商（正确的产品）可以确保 HPC 系统正常工作，这一点在今天显得尤为重要。由于处理器、网络及相关部件的运行速度越来越快，因此要确保 HPC 系统中的所有组件能顺畅地工作，并且没有一个部件成为瓶颈。

有没有可能让集群都采用同样的方案呢？答案是不可以！不会有一模一样的超级计算机集群，因为在设计 HPC 集群时用户往往有其特殊的需求，每个用户的需求都与其他人的需求不同，于是不同用户的集群配置就不同，需求的差别可大可小，所以要有不同的解决方案。

尽管如此，所有集群还是有一些共同点。首先，集群都有主节点，这个节点通常是共享网络的网关，系统管理员可以登录这个节点以便管理整个集群用户。主节点由网络连接多个工作节点（从节点）进行通信，这些网络都是局域网，不提供和集群外部的通信。

集群的工作节点用来完成计算任务。这些节点在整个集群中几乎是同构的，因为在并行计算时，"木桶原理"会导致所有计算节点的效率按最慢的节点来计算。但是，在一些特殊情况下，需要配置不同的计算节点，这完全取决于要运行的应用程序的特点。例如，一些应用程序需要的本地内存比其他应用程序更多，而有些应用程序则需要特定的处理器架构以获得最佳运行效率。

在网络方面，一个集群可能只有一个私有网络，而这个私有网络通常是万兆位以太网（10 GigE）。几乎所有的服务器都在主板上至少有两个以太网连接，比如一个用于节点间的通信，另一个用于节点到存储器的数据传输或其他用途。集群中通常会产生三种类型的数据通信：

❑ 计算节点之间的通信。
❑ 文件系统的数据通信，通常是和共享网络文件系统（如 NFS）服务器之间的通信，但也有可能是直接和存储连接进行通信的。
❑ 管理网络，提供节点监控和作业控制。

有些应用程序的文件和数据的访问流可能会长时间占用集群网络并

导致节点空闲，因为这些通信会占用 CPU 的时间，解决方法是增加第二个网络来提高整个集群网络的吞吐量，通常情况下，第二个网络使用高速互连。目前，高速互连最常见的选择是万兆以太网或 InfiniBand。作为一个低成本的解决方案，有可能使用千兆网络，但这时就不能奢望得到万兆网络或 InfiniBand 网络的性能。

图 3.1 给出了一个典型的集群拓扑结构。集群中有一个主节点，其中配置大存储，所有计算节点通过网络共享 NFS。计算节点的数量可能相当庞大，这些节点利用专用网络相互通信并与主节点通信。

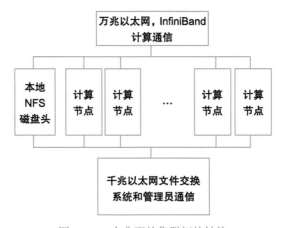

图 3.1 一个典型的集群拓扑结构

在设计集群时必须要考虑一些意外情况。为了获得高可用性，主节点可以分成多个节点，包括多个文件服务节点、多个用户登录节点和独立的管理节点。

一般来说，计算节点、网络设备和存储设备都放置在机架中，以方便安装和部署，也便于通风和降温管理。

现在有一种趋势，就是从机架式的"披萨盒"转向刀片系统。刀片系统的优点是当节点密度增加时，可以共享冗余的电力，并进行冷却和管理。

刀片集群还可以降低维护成本，提高可靠性。集群通常分为两类：计算能力集群和计算容量集群。计算能力集群用来处理大型计算任务，这种任务一般会耗尽集群里的每个计算节点。计算容量集群用来向最终用户提供一定数量的计算容积。例如，一个计算容量集群可以支持数百个用户运行任意数量的作业，而这些作业需要的节点数量较少，目前市场上大多数集群以计算容量的方式在使用。

高性能计算集群在一定的时间内快速给出结果或答案是非常重要的。集群会用来计算大型任务，这种大型计算任务往往因为规模太大而无法在一台计算机上运行。在提高集群的吞吐量方面，HPC 集群一般会接受对资源有不同需求的计算任务，比如计算密集型和数据密集型任务一起运行会提高集群的使用效率，这是因为这两种任务占用的集群资源不同，一个占用 CPU 资源多，一个占用 I/O 资源多。

超级计算机集群最大的作用就是提供算力。作业可以通过命令行或远程终端被提交到集群上运行。集群的主节点管理作业所需的资源，并将作业分配给工作队列。当资源（例如计算节点）可用时，作业从等待状态转为运行状态，作业运行结束后，系统将结果返回给用户。有时，用户需要运行许多类似的作业，但是输入参数或数据不同，集群也非常适合处理这种需求。用户可以提交数百个作业，让集群管理这些作业的工作流。根据可用资源的容量，所有作业可能会被同时运行，也可能让一些作业在队列中等待，当其他作业完成并释放资源后再运行这些作业。这种类型的作业也称为异步执行的任务，在这种情况下，计算往往从运行开始到结束都不需要和其他节点通信，但可能需要访问高速文件系统。图 3.2 给出了这种模式的一个例子，每个作业可以来自不同的用户，也可以来自相同的用户。作业可以并发运行，从而提高计算吞吐量。即使在同一时间段内可以运行更多独立的作业，单个作业的运行速度也不会更快。因为每个作业的运行都是独立的，所以工作之间没有交流。

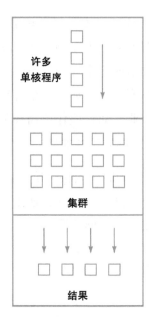

图 3.2　集群执行多个程序（每一个小方块是集群的一个计算节点）

还有一种情况，就是一个大作业被分解成许多小的子作业，而这些子作业必须同步地被分配到不同的节点上运行。这个过程是在软件设计时完成的，称为并行程序设计。有时，一个串行运行的程序可能需要更改为并行运行模式。这种并行程序通常使用 MPI（消息传输接口）库并在子作业的进程中插入通信调用。因为这些子作业需要彼此通信，所以这些子作业会在集群内产生大量的通信开销。这时，可以采用 InfiniBand 高性能网络来处理这种情况下的通信。一个并行程序使用数百个节点的情况并不少见，当这类作业被提交时，必须向集群管理系统提出资源请求，例如，"我需要 100 个核"。当系统准备好 100 个核后，就会运行这个程序的作业。

图 3.3 给出了一个在集群上运行的并行程序的例子。并行程序所占用的节点之间必须可以相互通信以保证子任务间的同步。并行程序的运行将比使用单个节点运行快得多，缺点是程序员必须用并行程序设计的思想来编写程序。

可以同时在一个集群上运行并行执行和异步执行的作业。当然，如果一个并行程序占用了所有节点，那么其他作业只能等待而不能运行。在这种情况下，通常需要用调度软件来处理作业的调度策略。

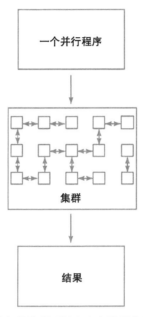

图 3.3 运行并行程序的集群（每个小方块是集群的一个计算节点）

将单个程序分解成多个部分，以便在多个核上运行，这是提高速度的一种有效方法。就像盖房子一样，工人越多，就能越快地完成工作。一些工作是可以高度并行的，如垒墙壁、喷漆、抹腻子等。但有些工作是有先后顺序的，例如，处理墙壁的工作必须在墙壁布线之后才能进行。因此，当任务间的并发性不能提高的话，增加资源是于事无补的。

3.1.2 建设 HPC 集群需要考虑的因素

HPC 系统往往不是一个开箱即用的产品，而是会涉及许多专业领域和许多硬件厂商。尽管有一些共同的特点，但就 HPC 集群的软 / 硬件方案而言还是很宽泛的。本节重点介绍建设 HPC 集群需要考虑的因素。

1. CPU 数和节点数的关系

CPU 提供了集群的计算能力。为了获得良好的运行性能，我们要尽可能地让 CPU 都"忙起来"。以前，并行程序通常分布在集群的多个节点上，CPU 的多核架构改变了这一状况，现在集群中的每个节点都可能有 56 个核甚至 112 个核，这样，一些并行程序只需运行在一个节点上。这种方案有时候能提高性能，但有时候会损害性能，这完全取决于应用程序架构、内存需求等因素。

CPU 的选择非常重要，因为集群的性能依赖于处理器的性能以及平台的稳定性和可靠性。随着 x86 体系结构的进步（64 位处理器和多核技术的出现），新的 CPU 使 HPC 集群的性价比和耗电成本有了实质性的改进。选择计算节点的 CPU 数目和核数是个平衡问题，因为 CPU 数目越多，密度越高，价格也越昂贵。有时，运行效率未必随着密度的提高而线性增长，同时耗电和散热也是个问题。目前，业内比较流行的选择是每节点配置双 CPU，比如某超算中心采用的计算节点为双 CPU、每个 CPU 为 28 物理核是比较优化的方案。

设计集群时，我们可以选择胖节点（多核、大内存、大磁盘空间），也可以选择瘦节点（相比于胖节点，核心和内存的数量很少），或者介于两者之间的任何节点。一些应用程序在这两种类型的节点中都能很好地运行，而另一些应用程序则在特定配置中运行得最好。

有时，在设计方案时会更关注 CPU 的性能而忽略内存的重要性。一般来说，一个节点为多核意味着每个节点需要更多的内存，这是因为每个核运行一个完全独立的程序都要占用内存。许多 HPC 集群的核是需要大内存的，所以我们需要了解应用程序的内存需求，作为选择节点的依据。有时，我们通过增加核数来升级 CPU 的性能时忘记了增加内存容量，这就相当于削减了每个核的内存使用空间，导致这次 CPU 升级变得没有意义。另一个需要考虑的因素是系统内存的速度，这关乎 HPC 集群的性能指标。

HPC 集群的节点还有一个重要功能，就是节点的系统管理。智能平台管理接口（IPMI）定义了远程访问节点系统的一组公共接口，系统管理员可以使用 IPMI 监控系统的健康状况并管理系统。有了 IPMI，系统管理员无须守在机房或计算机旁，而是可以通过远程终端在办公室或家里通过网络连接到机房，对计算节点进行管理、配置和部署。对拥有大量计算节点的大型数据中心来说，这个功能非常重要。

2. 算力的设定和集群规模的选择

在建设 HPC 集群时，人们往往会困惑：应该设计多大规模的算力？需要多少个节点？要精准地回答这些问题并不容易。这个问题和下面几个因素有关。

1）加速比：加速比是同一个任务在单处理器系统和并行处理器系统中运行所消耗的时间的比率，用来衡量并行系统或程序并行化的性能和效果。假定一个应用在单节点上运行完成需要两天，在 HPC 集群上用 1 天运行完成，那么加速比就是 2。

2）计算负载：包括运行的任务数量、用户数量、数据量等。

3）加速比拐点：在特定的 HPC 环境中运行一个并行任务时，理论上只要增加计算节点，加速比就会变大，但是当节点增加到一定数量后，再增加节点，加速比不增反降，这就是加速比的拐点。每个并行应用的拐点是不一样的，这需要经验的积累和现场测试。

加速比对应的计算节点数量的公式如下：

$$S_p = \frac{T_1}{T_p} \tag{3.1}$$

其中：

p 为 CPU 数量。

T_1 为顺序执行算法的时间。

T_p 指当有 p 个处理器时，并行算法的执行时间。

当 $S_p = p$ 时，S_p 称为线性加速比（又名"理想加速比"）。线性加速比意味着当将处理器数量加倍时，理论上执行速度也会加倍，如其名称中的"理想"所指，有"优秀的可扩展性"。

加速比的效率是量度性能的指标，其定义如下：

$$E_p = \frac{S_p}{p} = \frac{T_1}{pT_p} \qquad （3.2）$$

效率 E_p 的值一般介于 0 ～ 1 之间，用于表示在解决问题时并行效率的损耗。理论上，并行计算很难达到线性加速比，因为总会有额外的开销，如通信与同步、存储访问、系统控制等。如果 $E_p=1$，则称为完美线性加速比。

通过式 3.2，我们可以根据加速比的要求算出节点数 p。一般在 HPC 集群上，并行任务执行的加速比效率为 50% ～ 75%，有时会更低。假定我们要求加速比是 4，选择 50% 的加速比效率，根据式 3.1 可知，$p=8$，所以我们需要扩容 8 倍的节点数才能达到加速比为 4 的算力结果。前面说过，这里有一个加速比拐点的问题，扩容的节点数量超过加速比的拐点是没有意义的，所以应该选择 Min（p，加速比拐点）。

计算负载和节点数的关系基本是线性的，即计算负载增加一倍，节点数也增加一倍。

3. 选择通信和连接

为了让所有计算节点都能有效地工作，集群节点需要良好地互连（一个端口连接两个节点）。这同样取决于应用程序的要求。一般来说，大多数高性能集群系统使用专用的快速网络互连。

高性能互连通常根据网络延迟和带宽来评级。网络延迟是指发送一个字节所需的最短时间，一般以纳秒或微秒为单位；带宽是指网络传输的最大数据速率，一般以 Mbit/s 或 Gbit/s 为单位。

尽管网络连接的性能直接影响应用程序运行的速度，但最终还是要根据应用程序来决定。在大多数情况下，应用程序将使用 MPI 进行通信，这个中间件位于硬件之上的通信层。MPI 实现各不相同，要测试其性能，可通过基准程序（如 Linpack）的测试结果来评价。

要实现快速互连还需要交换机，以帮助节点与其他节点交换数据。除了节点间的连接，高端交换机的一种额定方式是平分带宽，这个功能可以保证交换机支持多方同时通信。虽然这不是所有集群必须具备的功能，但大型并行应用程序通常需要一个优质的平分带宽，以保证节点都能"忙碌起来"，使 CPU 达到高利用率。为了构建大型集群，我们会使用许多较小的交换单元组成的多层交换结构。当节点数量很大时，额外的交换层会增加成本和网络延迟，因为数据从 A 点到达 B 点必须经过多次跳转。

目前，高性能计算系统的网络通常使用两种技术：InfiniBand 和 10 千兆以太网。当然，如果应用程序不需要进行大量的节点到节点通信，使用标准千兆以太网就足够了。千兆以太网通常集成在主板上，用开关控制使用。

InfiniBand 不管对于刀片集群还是 1U 服务器的集群都很成功。它可以方便地从工业支持软件库（www.open factors.org）下载，并且由于其低延迟和高吞吐量的特点被认为是最好的集群互连方案。InfiniBand 的另一个重要功能是可以提供低延迟的多端口，这个功能可以节约大量集群布线、使用更少的子交换机。

选择网络互连的基本思想是首先要了解 HPC 应用程序通信的特点和需求，这样可以算出优化的性价比。也就是说，根据预算在节点数量和网络互连性能之间取得一个平衡。如果希望网络通信效率高，就不能配置太多的计算节点，并且集群整体计算能力会比较小。如果对网络通信效率没有太高的要求，集群可以配置更多的计算节点，获得更多的计算能力。切记，做这两方面的平衡时必须基于用户的应用需求。

4. 选择高性能计算和存储

在建设 HPC 集群时，存储往往是容易被遗忘的因素。任何 HPC 集群都需要一个高性能的存储，最简单的方法是将主节点用作 NFS 服务器，但这种简单的解决方案也需要主节点带有某种 RAID 子系统。通常，NFS 的可扩展性不是很好，所以往往需要用并行文件系统来解决这个问题。反过来，文件系统又对存储硬件的类型提出了需求。一个典型的例子是 Lustre 并行文件系统。Lustre 是一个经过测试的开源解决方案，它能提供可扩展的集群 I/O。

众所周知，HPC 应用会产生大量数据，数据备份和归档系统对许多数据中心来说至关重要。数据备份也有利于保护用户在 HPC 上的投资，一个好的备份归档系统会根据用户设置的策略自动将数据从一个存储设备备份到另一个存储设备上。

当前，另一种快速存储介质——闪存（Flash）日益得到人们的重视。一般来说，闪存模块直接集成在计算机主板上并与 PCIe 总线集成，记住，一个糟糕的存储系统可能会像一个低速互连网络一样降低集群的速度。所以，如果低估了存储的重要性，以为只要有 NFS 就万事大吉了，那么你会得到深刻的教训。

考量存储硬件的最后一个方面就是要确保它能够与集群的其他硬件良好地集成并能很好地工作。然而，这不是容易做到的事情。有时，存储系统来自不同的供应商，因此不兼容是经常出现的问题，这些兼容性问题可能来自软件驱动程序，也可能来自物理硬件。有经验的用户会选择市场上有过良好实践的集成商来避免这些问题，厂商的集成方案是基于各种计算和存储系统需求测试的。这种测试涵盖了整个生命周期中数据管理，从集群到存储主目录、从大容量存储到备份设备。

5. 选择集群系统软件

（1）集群节点的操作系统

当需要 HPC 系统启动和运行时，仅有硬件是不够的，还需要软件来运行它、管理它、监控它。目前，Linux 被认为是 HPC 集群必备的操作系统，集群上的所有软件都必须能够和 Linux 协同工作。其他选择还有微软的 Windows HPC 服务器，但这不是行业内的主流选择。在 Linux 出现之前，HPC 集群的操作系统是 UNIX 的天下，Linux 的出现改变了这一状况。Linux 是一种即插即用的替代方案，并且不会给计算节点（数量可能相当大）增加任何许可费用。除了 Linux 内核之外，许多重要的支撑软件都是 GNU 项目开发的一部分。

GNU/Linux 核心软件是开源的，根据协议，任何人都可以自由复制和使用。但前提条件是修改的源代码也要共享。GNU/Linux 的开放性和共享性使其成为理想的 HPC 集群操作系统，它允许 HPC 开发人员在其开源程序上开发驱动程序，修改 Linux 的核心代码，这对于封闭的商业源代码来说是不可能的。

Linux 安装包有两个版本，一个是社区版，是完全免费的；另一个是商业版，但发行的是免费软件包。免费的商业软件听起来让人困惑，它是指软件本身的许可是免费的，但用户需要支付软件的技术支持费用。可见，是否为商业软件的标志不是源代码的出处，而是有无正规的商业技术支持。

商业版 GNU/Linux 主要有 RedHat 和 SUSE，国内比较知名的是麒麟操作系统。社区版（没有技术支持）GNU/Linux 有 Red Hat Fedora、OpenSUSE 和 CentOS。需要注意的是，虽然这些发行版本身是高度完善的，但它们并不包含支持 HPC 集群所需的所有软件。

要想成功运行一个 HPC 集群，需要多种类型的软件。这些软件的功能涉及管理、编程、调试、作业调度和节点配置等方面。

从用户的角度来看，编程是 HPC 集群最重要的需求，MPI 是 HPC 集群编程最重要的工具。MPI 是并行程序中必须要用到的软件工具，用于支持并发程序各个进程间相互通信，如果没有这个中间件，创建并行程序会是非常困难的工作。目前比较流行的开源版 MPI 是 ArgonneLab OpenMPI 项目的 MPICH2。Platform MPI 支持 Linux 和 Microsoft Windows

操作系统的消息传递接口。

除了 MPI 之外，程序员还需要编译器、调试器和分析器。GNU 软件包括非常好的编译器和编程工具，但许多用户更喜欢使用专业的编译器、调试器或分析器包，例如 Open64 编译器套件，以及 Oracle(Oracle Solaris Studio 12 for Solaris 和 Linux)、Portland(PGI) 和 Intel 提供的软件包。所有供应商都提供自己的工具和 HPC 集群管理软件。

HPC 集群除了要运行 HPC 程序，还要为系统管理员提供可视化的系统监控大屏，以及数据分析和系统告警功能。硬件厂商一般会提供基于硬件的软件工具，但是通常不能满足用户需求，用户要向第三方软件厂商采购或则自行开发相关的工具。

为了利用 HPC 集群的优势，我们需要将程序并行化，对于单节点多核计算机也是如此。传统的串行程序是为单 CPU 和单核编写的，它不会自动运行在 HPC 集群的其他节点或多个 CPU 核上。在 HPC 上没有"免费的午餐"，这是因为要让程序跨多核、跨节点、分布式地运行，就必须改变程序的内部工作方式，即进行并行编程。在一个共享内存的多核计算机上，一般用 Pthreads 或 OpenMP 来改造程序，如果程序需要跨节点运行，则要用 MPI 来改造程序。大部分情况下，这两种编程方法都会用到。并行程序的设计和编写依赖于程序所要解决的问题的复杂度。目前，许多商用 HPC 应用软件已经是并行的，在集群上开箱即用。一些开源软件也是如此，通常使用者负责让这些开源软件正常工作。

（2）HPC 集群的文件系统

大部分 HPC 集群都使用标准的 NFS 文件系统来实现跨节点共享文件，这是一种常用的解决方案。如果并行程序的多个进程需要同时读取同一个文件数据，NFS 将成为瓶颈。所以，NFS 不适合并行文件访问，我们需要一个并行文件系统。

一种方案是采用开源 GNU/Linux 的 HPC 社区的文件系统。这里有许多选择，但最终还是取决于应用程序的需求。HPC 文件系统也称为"并行文件系统"，因为它们允许多节点对一个文件同时进行操作、写入和读取。并行文件系统不是将一个文件存储集中在一个设备上，而是分散到多个单独的存储设备上。并行文件系统通常需要设计，以便与特定的集群匹配。

Lustre 是一个非常流行且免费的并行文件系统，它是一个经过验证的高性能并行文件系统，其他选择还包括 PVFS2，它常和 MPI 一起工作。HPC 集群文件系统覆盖的范围很广，除了大量的输入、Scratch 数据和Checkpoint 数据外，大多数 HPC 应用程序会产生大量的输出数据，这些数据随后可在后处理的系统上以可视化方式显示。

还有一个文件系统是 PNFS（NFS4.1 版本），它是为并行访问 NFS 而设计的。大多数现有的并行文件系统都打算支持 PNFS 规范，使之成为并行文件系统领域的标准。Oracle 设计的 ZFS 文件系统也带来了一些创新性，它是第一个 128 比特的高性能文件系统。

（3）HPC 集群的调度软件

一个 HPC 集群中通常有许多资源，比如几千、几万甚至几十万个核，大量用户需要共享这些资源。显然，共享这些资源不是简单的事情，分配这些核的任务由调度软件完成，而不是由人工来完成，以避免人为引入混乱。根据应用程序的特点，调度软件根据不同的策略给用户分配一批相邻的核，也可以随机地将 HPC 集群中的核分配给用户。

HPC 集群调度软件一般采用以作业的"工作队列"为核心的调度算法，用户的作业首先必须提交到工作队列，在提交过程中，用户必须为作业定义所需的资源，例如需要多少核、内存、运行时间，等等。然后，调度软件根据设定的调度策略确定哪个作业可以启动运行。调度软件必须找到可用的资源后才能启动作业，因此，正如我们经常看到的，排在第一位的作业并不一定会被首先执行。

集群调度软件是 HPC 计算中非常重要的部分，它如同一个城市的交通指挥系统，如果没有这种调度工具，就无法共享资源，就像城市的交通指挥系统失效时，交通将会瘫痪一样。

调度软件的另外一个重要功能就是让用户对 HPC 程序运行在哪个节点上不敏感，这意味着当某些节点出现问题时，系统管理员可以让这些节点"离线"进行修复或升级，而不影响程序的运行。此外，HPC 集群没有单点故障，即使一个节点故障，在该节点运行的作业可能会失败，但其他节点可以继续工作，我们可以用 rerun 或 checkpoint 功能让失败的作业重新运行。

目前，市场上有多种开源版和商业版的集群调度软件。商业版的集群调度软件有 IBM 的 LSF、Pbspro、Skyform AIP 等。开源版的集群调度软件有 Slurm、OpenPBS、Torque、Platform Lava、Maui 等。

3.1.3 建设 HPC 集群

建设一个 HPC 集群要从哪里开始？是硬件、服务器、网络、存储，还是软件？前面说过，建设 HPC 集群的出发点是应用软件，设计者要清楚这个 HPC 集群上要运行什么应用。了解 HPC 应用的特性非常重要。有些应用会消耗 CPU 算力，有些应用则需要大内存，还有些应用需要共享内存和多核。由于 HPC 集群的投资成本比较高，我们通常不能按顶级配置来建设 HPC 集群（预算充足的企业除外），给出的建设方案一般是折中方案。也就是说，我们要综合考虑各方面因素，如图 3.4 所示。方案中涉及多个维度，第一个维度是硬件，我们要根据应用软件的特点来设计硬件和硬件指标；第二个维度是集群管理软件，这类软件就像城市的交通指挥系统，即使配置了高级的硬件，但如果管理软件不行，硬件投资只能是事倍功半，所以硬件投资讲究性价比，而集群管理软件投资关乎能否用好系统的问题；第三个维度是服务，在选择建设和集成商时，团队的服务质量直接关系到项目成败。

图 3.5 展示了一个 HPC 集群的集成方案。一个 HPC 集群通常由服务

器、存储设备、网络设备、集群软件、应用软件等部分组成。本节主要介绍硬件方案，涉及服务器、存储设备和网络设备。由于集群软件和应用软件集成很复杂，我们将在下一节详细介绍。

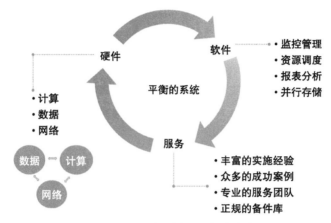

图 3.4　HPC 集群建设的折中方案

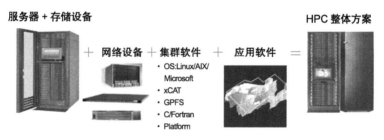

图 3.5　HPC 集群的集成方案

1. 服务器方案

HPC 集群的服务器一般有以下三种类型，选择哪种类型服务器取决于具体的 HPC 业务。

❑ 瘦节点：主要用于显式计算和流体计算，采用 x86 架构即可，其 CPU 主频要求高，能提升 CPU 的计算速度，刀片、机架都适用。

❑ 胖节点：主要用于隐式计算（Abaqus 隐式、Nastran、Optistruct），要求内存大、I/O 吞吐能力强，但 CPU 配置核数需增加，如需扩展则应优先选择机架。

❑ 可视化节点：配置 GPU 卡，其余配置参考胖节点。

有时，用户不知道如何确定单 CPU 核数，我们积累的以下经验可供参考。以图 3.6 所示的 Intel Scalable 系列为例，每 CPU 有 6 个内存通道，每 CPU 配置 6 根或 12 根内存是最佳性能方案。如果应用程序属于内存读写密集型，则不建议选择核数过多的 CPU。也就是说，核数不是越多越好，而是要根据应用是数据密集型还是计算密集型来进行选择。多核对计算密集型应用有利，对数据读写密集型应用则没有什么帮助。

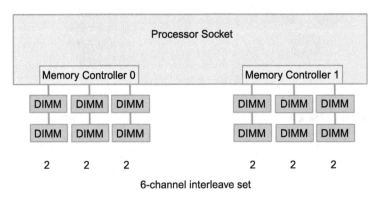

图 3.6　Intel 内存配置（3 个一组的连接已经可以完全匹配内存带宽了）

2. 存储方案

存储一般是由 HPC 集群节点共享的，存储的稳定性、可靠性和性能非常重要。常用的存储有以下几种：

❑ NFS：适合微小型 HPC 集群（一个刀箱内），最大支持 200～400 Mbit/s 磁盘写速度，I/O 节点性能要求高，HA 需单独配置，成本低，但扩展性差。

❑ NAS：中小型 HPC 集群可用，最大读写速度受网络环境限制，会占用业务网的带宽，需一定成本，扩展性尚可。

❑ 并行存储：中大型 HPC 集群可用，支持并行写入，最大支持 2 Tbit/s

的写入速度，对 CFD 应用优势大，对 IOPS 高的应用计算效果一般，扩展性强。

存储的选型有许多考虑因素，我们通过一个存储方案来具体说明。图 3.7 是 GPFS 集群并行文件系统的典型架构。GPFS 的优点是不需要独立的元数据服务，采用全对称结构，其 HA 的高可用功能已经内置实现了，不需要借助第三方解决方案。

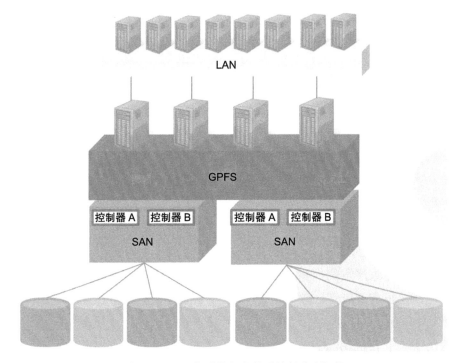

图 3.7　GPFS 集群并行文件系统的典型架构

3. 网络方案

网络的选型也依赖于应用对网络的低延迟和带宽的需求，一般有以下几种选择：

❑ InfiniBand：高带宽、低延迟，可利用 RDMA 协议，能够降低 CPU 负载，适用于中大规模 HPC 集群，对于通信要求低的应用（医药研发和生物信息部分应用）效果不明显，成本高。

❑ 千兆以太网：对于 2 ～ 5 个节点的 HPC 集群可用，对通信要求低的应用可用，成本低。

❑ 万兆以太网：可视化图形及大文件传输并发较多时可考虑采用。

在构建 HPC 集群的网络拓扑结构时通常有两种选择：二叉树和胖树，如图 3.8 所示。

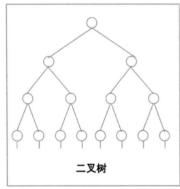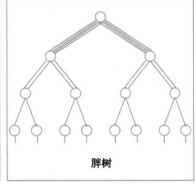

图 3.8　二叉树和胖树结构

在二叉树中，沿网络往下，链路每一层带宽相比上一层要减少一半，这可能会导致严重的拥塞，因为所有的数据流量是一个单一链接，从头到尾需要恒定的带宽。胖树则通过在网络的每一层保持相同的带宽来克服这个缺点，所以胖树结构具有无阻塞传输和平分带宽的优点。图 3.9 给出了一个 InfiniBand 的全胖树架构实例。

目前，国内很多用户比较关注 HPC 国产化的方案。我们认为，HPC 国产化不可能一蹴而就，而是会像汽车国产化那样，先从部分硬件 / 软件产品国产化开始，随着各部分不断成熟，逐渐增加部件国产化的比例。产品国产化是一个渐进的过程，产品的锤炼和检验也需要时间，成熟多少上马多少，最终实现全部国产化。现阶段，可以采用国际品牌和国产品牌混合的架构，如图 3.10 所示。

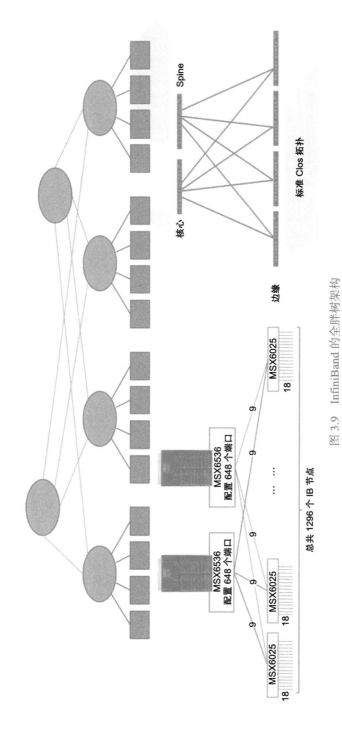

图 3.9　InfiniBand 的全胖树架构

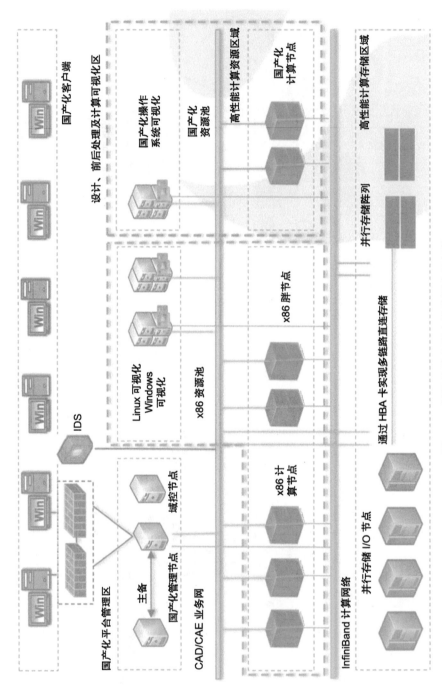

图 3.10　国际品牌和国产品牌混合的架构

3.2 应用集成平台和调度引擎

前一节介绍了如何建设一个 HPC 集群，这一节我们将阐述如何支撑和运行好用户的应用软件。前面讲的是怎样"建设好"的问题，这里讲的是如何"用好"的问题。我们知道，消耗 HPC 资源的主要是 HPC 应用软件，所以要用好 HPC 资源，就必须集成好应用软件。本节主要涉及的是软件部分，即 HPC 集群的软件管理和应用部分。我们首先从用户（超算使用者或者工程师）的角度来看看超算是什么样子。图 3.11 给出了一个 HPC 平台的视图。

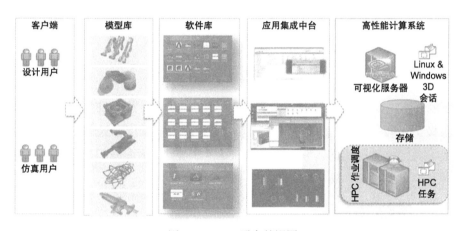

图 3.11　HPC 平台的视图

在计算机领域，高级意味着越简单越好。尽管高性能计算是个复杂的领域，但是对使用者来说，仍然是越简单越有生命力。图 3.11 是一个 5 层应用架构（自左至右），最外层是客户端，用户一般在远程通过远程桌面或 xterm 连接到超算中心；第二层是超算和业务应用相关的知识库和模型库，这些模型是逐渐积累出来的，一个熟练的工程师使用 HPC 集群一段时间后，会获得许多经验，就可以将这些经验总结为模型库、模板库或者知识库，这样工程师每次使用超算资源时就不用从零开始，而是可以从某个层次的工作开始；第三层是软件库，也称为应用超市（App Store），系统已经将相关软件集成好了，用户只需设定应用的参数、提交作业就可以了。第四层是应用集成中台，在这里可以直观地操作相关应用。第五层则是高性能计算系统本身。

3.2.1　集群调度软件和应用集成中台

HPC 集群是一个分布式计算机系统，为了实现从外部看集群是一个整体、是一台高效率的"超级计算机"的效果，我们需要集群管理软件，这就是应用集成中台。应用集成中台包含集群调度软件、集成中间件、系统管理和使用者门户。应用集成中台对下要管理集群的计算节点、存储、网络和设备监控告警功能，对上要支撑 HPC 集群应用进行部署管理、作业调度、用户账号管理、登录管理，以及访问控制列表（Access Control List，ACL）管理等。

更具体地说，集群管理软件（应用集成中台）需要管理集群所有的过程及其活动，安排和跟踪任务，收集和报告结果，并在发生错误或异常时做出及时处理。集群管理的一项核心工作就是调度，这部分工作是由集群调度软件完成的。它是整个系统的"大脑"，下面我们着重介绍集群调度软件的作用和功能。

1. 集群调度软件

在传统的多用户计算机系统中，作业调度实际上是处理外围资源的任务分配问题。大规模并行系统往往拥有成千上万个处理器，作业调度管理系统需要管理相关的计算和通信资源的分配。同时，这么大规模的系统很容易发生硬件故障，调度软件要处理这些故障硬件，以免影响高性能计算任务的运行效率。

如果把一个 HPC 集群看作一个大型城市的交通系统，那么集群的软硬件资源就相当于城市的道路、停车场、绿化带、桥梁隧道等；HPC 集群的应用程序则相当于城市交通的运输工具，比如私家车、公交车、地铁、轮船，等等。但是，一个城市的交通系统仅有这两个部分是不够的，它需要的第三个部分就是城市的交通指挥系统，如红绿灯、斑马线、指示路牌和提示牌等。同样，HPC 集群也需要一个"交通指挥系统"，就是集群调度软件，也称为负载管理软件。目前，市场上有开源的免费集群调度软件，但是这些免费软件不能保证服务质量和性能，要完全由用户自己负责。如果用户希望得到高品质的服务，尤其是 HPC 集群处于生产系统中时，我们建议使用商业版的调度软件，比如 SkyForm AIP。

不夸张地说，作业调度软件是 HPC 集群的核心部分。它接受用户提交的作业（任务），根据任务需求匹配合适的资源，并保证将作业启动起来，监控任务的执行并完成任务，最后把结果数据和运行状态反馈给用户。如果集群没有空闲资源启动作业，那么作业会进入调度软件的作业队列中等待，直到有资源可用才启动任务。同时，要提供可视化仪表盘，以便系统管理员查看哪些任务（或作业）是活动的，哪些任务正在等待服务（通常称为"挂起"的状态）。管理员喜欢对作业进行简单的可视化控制，并希望能够快速、轻松地创建、挂起或终止单个作业。他们还希望对各种集群控件和活动进行简单的可视化导航，以及根据需要即时访问结果。图 3.12 给出了 SkyForm AIP 调度引擎的架构。

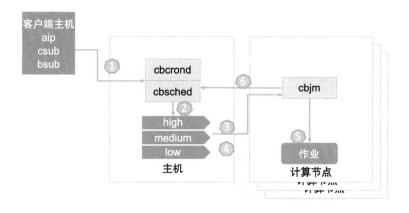

图 3.12　SkyForm AIP 调度引擎

调度引擎的工作流程如下：

1）用户用命令提交作业。

2）作业进入队列里等待调度。

3）调度软件根据调度策略分配主机。

4）调度软件把作业信息分发到所调度的计算主机。

5）计算主机运行作业。

6）计算主机向调度软件更新作业状态。

因为 HPC 集群建设成本高，用户往往不会按实际的峰值需求购买资源，但是希望资源能 7×24 小时、不分节假日一直工作，这样就会出现等待执行的作业远远超过 HPC 集群能够使用的资源的局面。这时，调度策略就显得尤为重要，必须通过调度策略在多个项目、M 个用户、N 个作业间进行调度和分配管理。自动化调度管理能够遵循系统管理员设置的调度策略和参数进行工作。一个好用的调度引擎应该有丰富的调度策略（包括但不限于以下所列），以应对不同的挑战：

- 先进先出
- 优先级
- 轮循
- 独占
- 公平分享
- 根据优先级抢占作业槽或资源
- 作业槽占有
- 平行作业资源预留
- 基于资源阈值的调度
- 减少资源碎片
- 负载均衡
- 弹性作业调度（最小 / 最大资源）
- 异构资源需求多组件统一调度

一个大型企业往往有许多个部门，在 HPC 集群的建设方面，是采取每个部门分别投资建设还是集中建设呢？显然，团结就是力量，联合、共享以发挥投资的最大效益是最佳选择。但是，现实中，这种集中建设的方案往往行不通。主要原因有两个：其一，对于一个部门来说，尽管独立投资获得的 HPC 资源不多，但用户可以随时随地使用，而集中建设不一定能保证用户随时使用可用资源；其二，不同部门的 HPC 资源的贡献和使用需求不同，集中建设、合作共享的方式必然造成某些部门会吃亏，因此很难在部门间达成一致。这种情况下，可以采用公平调度策略来解决这个矛盾。比如，可以根据资源贡献率来分配资源，假设部门 A 贡献了 40%资源，那么部门 A 可以优先占用 40% 的集群资源；部门 B、C、D、E 的贡献较少，则可以各占 15% 的集群资源。

2. 应用集成中台

应用集成中台中除了作业调度引擎外，还有诸多和应用集成相关的功能以及用于一些特殊需求的功能，包括如下几种：

1）远程可视化：在 HPC 集群上运行的任务往往会产生大量的可视化数据、结果数据，或者需要展示给用户的中间结果，这时可以将数据下载到客户端，用户再将数据可视化。这个方法的缺点是会产生大量的网络负载，极端情况下会造成网络堵塞，使系统崩溃。另一种方法就是提供远程可视化功能，此时数据保留在 HPC 集群的存储设备上。因此，可能需要支持几种可视化方案，如 VNC + VirtualGL、DCV、RDP（微软方案）、远程虚拟桌面（支持 Windows/Linux）。为了支持远程可视化，我们需要在 HPC 集群中配置 GPU 显卡（如图 3.13 所示）。这些 GPU 显卡一般是共享的，以实现利用率最大化。

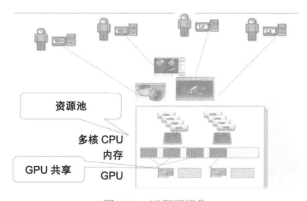

图 3.13　远程可视化

2）HPC 集群用户门户：现在，任何一个超算中心都必须提供让用户基于互联网或局域网进行网页登录和工作的页面，如图 3.14 所示。

a)

b)

图 3.14　HPC 集群用户门户

图 3.14 所示的用户门户中提供了一个远程工作界面，系统集成了用户使用的 HPC 应用软件，比如面向工业仿真的 CAE / CFD 软件 CFX、Fluent、Nastran、LS-DYNA 等。这是一项需要定制的工作，软件用途不一样，作业提交的参数也不一样。

3）用户工作协同：一个项目往往要由多个工程师协同工作。在互联网时代，工程师们可以通过网络共享彼此的桌面，进行设计和工作的合作与协调。图 3.15 给出了一个工程师协同工作的桌面，这在工业设计与仿真中很有用。有时，有些仿真工作需要在计算前处理，而前期处理工程师和 CAD 设计工程师不是同一个人，因此他们需要共同设计，对同一个产品进行仿真，桌面共享机制使他们能够看到和修改同一个产品模型。

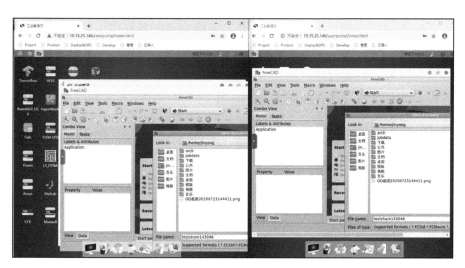

图 3.15　协同工作的桌面

4）数据管理：HPC 集群的处理过程中会涉及大量数据，包括输入数据（比如模型数据）、中间结果数据和最终计算结果数据。这些数据量大到 TB 或 PB 级，小到 KB 和 MB 级，并且有些数据是临时性的，有些数据则需要永久保留。数据管理的主要功能就是对作业数据进行归档、删除和管控。

5）应用集成和发布使用：每一款在 HPC 集群中运行的应用程序都需要和系统进行集成，集成工作包含应用输入参数和数据的设置、应用启动脚本集成、远程可视化图形界面集成等，还包括应用输入数据上传、运行结果数据下载。有时，还要和防火墙 VPN、第三方安全认证系统集成。集成好的应用一般需要在平台上发布，如果供商业客户使用，还需要发布价格、服务公约、使用说明，以及进行培训等。图 3.16 列出了应用集成和发布的主要能力和功能模块。

门户层	开发者门户				
应用层	应用发布	应用管理	应用部署	应用联运	应用分类
能力层	应用能力	认证能力	数据能力	资源能力	可视化能力
资源层	HPC 集群				

图 3.16　应用集成和发布功能

6）监控大屏和告警：超级计算机系统一般需要提供 7×24 小时不间断的服务，系统的大屏展示和告警系统就显得尤为重要。超级计算机监控大屏一般需要实时显示系统的诸多信息，比如系统状态、CPU 利用率、存储和网络负载、用户作业队列等，图 3.17 展示了一个监控大屏的例子。

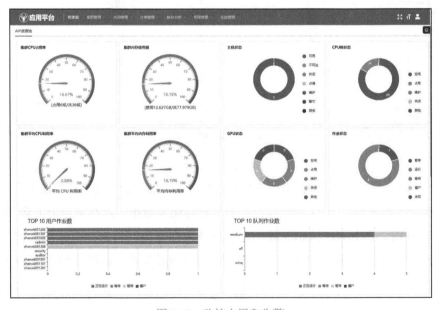

图 3.17　监控大屏和告警

3.2.2 SD-WAN 和多地 HPC 资源池共享

随着 HPC 的应用需求日益广泛，由网络连接起来的各个超算中心有必要实现资源的共享和削峰填谷功能。我们可以用电网进行类比，各个超算中心或 HPC 集群类似电网上的发电厂，主要工作是提供算力，而连接超算中心或 HPC 集群的网络就是电网。由于超算应用需要高带宽、低延迟，普通互联网连接无法达到要求，而专线方案的成本又很高，因此目前比较流行的解决方案是软件定义广域网（SD-WAN）技术。这种方案可以提供多种性能和成本优势，包括端到端网络的可见性和反馈，从而提高传输效率。该技术还创建了从专有硬件设备到 SD-WAN 的路径，这些 WAN 是敏捷、可编程的，使得企业能够跟上 IT 创新的步伐。由于 SD-WAN 在敏捷性、成本、安全、可靠性以及性能方面的独特优势，已经被越来越多的云计算和超算中心采用。图 3.18 展示了一种 SD-WAN 连接多个超算中心的架构。

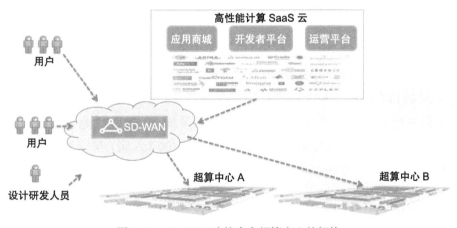

图 3.18　SD-WAN 连接多个超算中心的架构

3.3　我国超算的发展

3.3.1　中国 TOP100 排行榜和世界 TOP500 排行榜

从 1993 年起至今，每隔六个月都会按照标准的 HPL（Linpack）测试性能结果公布世界范围内已经安装使用的性能最高的 500 台超级计算机（以下简称"世界 TOP500 排行榜"）。在我国，从 2002 年起至今，每年都会公布中国高性能计算机性能 TOP100 排行榜（以下简称"中国 TOP100 排行榜"）。国际和国内历年的高性能计算机排行榜数据是分析和预测高性能计算机硬件体系结构发展、应用软件领域变化、机器研制单位兴替和高性能计算行业发展的重要参考依据。

根据我国历年 TOP100 排行榜榜单的冠军数据，2002 年，中国 TOP100 排行榜中名列第一的联想深腾 1800 万亿次集群在 2002 年世界 TOP500 排行榜中位列第 43 名；而 2003 和 2004 年，中国 TOP100 排行榜冠军——联想深腾 6800 万亿次集群和曙光 4000A 分别在当年的世界 TOP500 排行榜中位列第 14 名和第 10 名；2005 到 2007 年，夺得世界 TOP500 排行榜冠军的是 IBM 研制的两台超级计算机；2008 年，中国 TOP100 排行榜冠军——曙光 5000A 超级计算机跻身当年世界 TOP500 排行榜第 10 名的位置；2009 年，由国防科技大学研制的天河一号获得世界 TOP500 排行榜第 5 名。

2010 至 2012 年，中国 TOP100 排行榜冠军是由国防科技大学研制的具有 CPU+ GPU 异构系统的国产天河一号 A 千万亿次超级计算机，它也在 2010 年世界 TOP500 排行榜中夺得冠军；2013 至 2015 年，同样由国防科技大学研制的具有 CPU+MIC 异构系统的天河二号超级计算机连续三年获得中国 TOP100 排行榜和世界 TOP500（六届）排行榜冠军。至此，国防科技大学研制的天河系列超级计算机七次夺取世界第一。

2016 年，由国家并行计算机工程技术研究中心研制的神威太湖之光替代天河二号获得两个排行榜的第一名。特别是，神威太湖之光基于国产 SW26010 众核处理器和互联网络研制，并连续五年夺得中国 TOP100 排行榜冠军，连续两年（四届）获得世界 TOP500 排行榜冠军。2021 年，由某服务器供应商研制的超级计算机采用 CPU+GPU 异构众核处理器架构，以 125 PFLOPS 的 Linpack 性能位居中国 TOP100 排行榜榜首。

高性能计算机是计算科学的重要基础设施，是国家的科技战略制高点和引领创新转型的利器，世界上几乎所有发达国家都规划和投入了巨额科研资金支持建设引领高性能计算发展的超级计算机，以超级计算机系统为核心的算力经济时代已经到来。我国高性能计算领域经过三十年的追赶和创新，国产自主建设高性能计算机的能力以及设计、实现超大规模可扩展性并行应用的水平已经跻身世界第一梯队。

从高性能计算机安装数量角度来看，2010 年，我国的高性能计算机在世界 TOP500 排行榜中上榜的数量仅次于美国，首次超越欧盟和日本，排名世界第二；2016 年，我国位列世界 TOP500 排行榜的超级计算机数量第一次超过美国，排名世界第一，其中由联想公司研制的超级计算机上榜数量排名第二，仅位于美国 HPE 之后；2018 年 11 月公布的世界 TOP500 排行榜中，我国的上榜机器达 227 台，安装数量远超排名第二的美国的 109 台，由我国联想公司研制的超级计算机达 140 台，位列世界 TOP500 排行榜的厂商第一，浪潮和曙光公司分别以 84 台和 57 台排在第二名和第三名，三家厂商占据世界 TOP500 排行榜中的 281 台，比例超过一半，其中我国出口超级计算机 54 台。2019 年 11 月公布的世界 TOP500 排行榜中，我国上榜的超级计算机数量达 228 台，继续超过第二名美国的 117 台，其中联想公司制造的超级计算机数量上升至 174 台，曙光和浪潮公司以 71 台和 66 台继续位居其后，三家单位的机器数量合计 311 台。2020 年 11 月公布的世界 TOP500 排行榜中，我国继续以 213台的数量远超第二名美国的 113 台，其中联想公司的超级计算机数量继续保持增长态势，达 181 台，浪潮和曙光公司分别以 66 台和 51 台位居第二位和第三位，三家单位的上榜超级计算机数量合计 298 台。2021 年 11 月公布的 TOP500 排行榜中，我国继续以 173 台的数量排名第一，美国以 143 台排名第二。相比前几年，中美两国的超级计算机数量的发展变得更为平衡，联想公司仍旧以 180 台的数量排在世界 TOP500 排行榜的第一名。综上所述，美国虽然仍是国际超级计算机的研制强国，但其在世界 TOP500 排行榜上的超级计算机份额已经降低到不足 30%，难以复现 20 年前独占世界 TOP500 排行榜 70% 份额的荣光。

在高性能计算应用方面，我国分别在 2016 年、2017 年和 2021 年的 SC 大会上三次获得国际高性能计算应用领域的最高学术奖——戈登·贝尔奖。2016 年和 2017 年获奖的"千万核可扩展全球大气动力学全隐式模拟"和"非线性大地震模拟"均为基于神威太湖之光系统的超大规模应用；2021 年获奖的"超大规模量子随机电路实时模拟"基于神威太湖之光的新系统对量子进行了开创性的电路模拟。2016 年、2017 年、2018 年和 2021 年分别有 2 项、1 项、1 项和 2 项工作获得戈登·贝尔奖的提名。在国际超算竞赛方面，2015 年，清华大学团队获得了三大国际大学生超算竞赛——SC 超算大赛、ASC 超算竞赛和 ISC 超算竞赛的冠军，成为全球第一支获得三大超算赛事大满贯的团队；2016 年在 SC 大会上举办的大学生超算竞赛中，中国科学技术大学包揽了总分和最高 Linpack 性能两项冠军，成为 SC 大学生超算竞赛自 2007 年举办十年以来首个双料冠军队；2021 年在 SC 总决赛上，清华大学超算团队再次夺得总冠军，实现了 SC 竞赛四连冠。这些大规模应用软件可扩展性和性能调优方面的成绩表明，我国在并行软件方面的发展方兴未艾。

图 3.19 和表 3.1 给出了中国 TOP100 排行榜的性能变化趋势以及 2021 年 TOP10 高性能计算机列表。

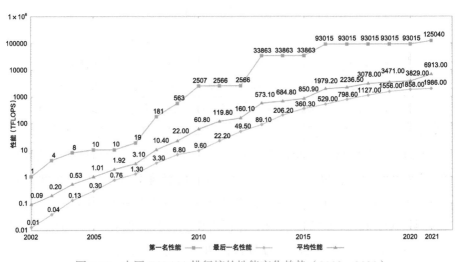

图 3.19　中国 TOP100 排行榜的性能变化趋势（2002—2021）

表 3.1 2021 年中国 TOP10 高性能计算机

序号	系统/型号	研制厂商/单位	安装地点	应用领域	Linpack值（TFLOPS）	峰值（TFLOPS）
1	网络公司主机系统，CPU+GPU 异构众核处理器	服务器供应商	网络公司	算力服务	125 040	240 000
2	神威太湖之光，40960*Sunway SW26010 260C 1.45 GHz, 自主网络	国家并行计算机工程技术研究中心	国家超级计算无锡中心	超算中心	93 015	125 436
3	网络公司主机系统，CPU+GPU 异构众核处理器	服务器供应商	网络公司	算力服务	87 040	160 000
4	天河二号升级系统（Tianhe-2A），TH-IVB-MTX Cluster + 35584*Intel Xeon E5-2692v2 12C 2.2 GHz+35584*Matrix-2000,TH Express-2	国防科技大学	国家超级计算广州中心	超算中心	61 445	100 679
5	网络公司主机系统，CPU+GPU 异构众核处理器	服务器供应商	网络公司	算力服务	55 880	110 000
6	超算中心主机系统，992*SW-26010Pro 异构众核处理器390C 控制核心 2.1 GHz 丛核 2.25 GHz，Sunway Network	服务器供应商	超算中心	科学计算	12 569	13 913
7	北京超级云计算中心 T6 分区，5360*Intel Xeon Platinum 9242 同构众核处理器 48C 2.300 GHz，EDR	北龙超云/Intel	北京超级云计算中心	算力服务	10 837	18 935
8	网络公司主机系统，CPU 处理器	服务器供应商	网络公司	算力服务	9540	16 644
9	网络公司主机系统，CPU 处理器	服务器供应商	网络公司	算力服务	9120	15 482
10	北京超级云计算中心 A6 分区，6000*AMD EPYC 7452 32C 2.350 GHz，EDR	北龙超云/DELL	北京超级云计算中心	算力服务	4044	7219

对比 2021 年 11 月发布的世界 TOP500 排行榜的数据，我们可以看到：

1）2021 年 11 月发布的世界 TOP500 排行榜中，上榜机器总 Linpack 性能之和达到 3306 PFLOPS，是上一年（2430 PFLOPS）的 1.36 倍，增速相比前一年的 1.47 倍有小幅度降低。根据 2021 年中国 TOP100 排行榜数据，上榜机器总 Linpack 性能之和达到 691.3 PFLOPS，是前一年（384.2 PFLOPS）的 1.79 倍，增速也相比前一年的 1.11 倍有大幅度提升，这说明我国高性能计算的发展有较快的增长实力。

2021 年，由服务器供应商研制、部署于网络公司的 CPU+GPU 异构众核超级计算机系统位居榜首，它包括 285 000 CPU 核，系统峰值为 240 PFLOPS，Linpack 性能为 125 PFLOPS，应用领域为算力服务，是排名第二的神威太湖之光系统 Linpack 测试值的 1.34 倍。中国研制的安装在国家超算无锡中心的神威太湖之光超级计算机的 Linpack 性能为 93 PFLOPS。神威太湖之光曾 4 次蝉联世界 TOP500 排行榜冠军，使得我国研制的国产超级计算机在世界 TOP500 排行榜的冠军位置上连续保持了十次！2020 年，由日本制造的 Fugaku 超算系统登顶世界 TOP500 排行榜榜首，机器系统峰值首次突破 500 PFLOPS，Linpack 性能达到 442 PFLOPS，2018 年美国制造的两台超算系统 Summit 和 Sierra 紧随其后，其中前者的系统峰值达到 200 PFLOPS，其 Linpack 性能首次达到 143 PFLOPS，Sierra 仅以微弱优势超越神威太湖之光获得季军，神威太湖之光位居第四名。

2）2021 年 11 月发布的世界 TOP500 排行榜中，上榜超级计算机的 Linpack 性能均大于 1649 TFLOPS。2021 年中国 TOP100 排行榜中，上榜超级计算机的 Linpack 性能都超过 1986 TFLOPS。中国 TOP100 排行榜的上榜门槛再次超过世界 TOP500 排行榜。中国 TOP100 排行榜中有 98 个超级计算机采用集群架构，集群架构的占有率继续保持绝对的数量优势。在上榜的 100 台系统中，采用异构加速的超级计算机数量达到 34 台，不仅数量继续增长，且不像过去那样集中在 TOP100 的前几名和一些系统峰值较大的机器，而是变得更为分散。产生这种变化的主要原因是随着深度学习、大数据等大规模应用的需求，GPU 加速的异构体系结构得到了更广泛应用。

3）世界 TOP500 排行榜中前 10 位超级计算机的最低性能都超过 30 PFLOPS。其中，IBM 占 2 台，国家并行计算机工程中心、国防科技大学、日本富士通公司、NVIDIA、HPE、DELL、Microsoft Azure、Atos 各 1 台。高端能力型超级计算机的研制呈现出几家独大的局面，中美日欧都在积极占领制高点，且都发布了 E 级超级计算机的研制计划，意在抢占下一个制高点。中国 TOP100 排行榜中，前十名机器的最低性能为 4.04 PFLOPS，其中服务器供应商 6 台，北龙超云 2 台，国家并行计算机工程中心和国防科技大学各 1 台。

4）世界 TOP500 排行榜榜单中，有 408 套系统使用 Intel 处理器，依然保持 81.6% 的高比例，但是与 2020 年的 459 套（占比 91.8%）相比，仍有 10 个百分点的下降，这说明以 AMD 和 IBM 为代表的处理器制造商与 Intel 的竞争激烈。采用异构加速体系结构的系统数量再次上升，从 2020 年的 148 套小幅上升到 150 套。中国 TOP100 排行榜的趋势与世界 TOP500 排行榜一致，2021 年有 34 台超级计算机采用了 GPU 或者 MIC 加速器，虽然与 2020 年的 39 套相比有所减少，但在前 10 位中的占比有所增加，产生这种变化的主要原因仍然是深度学习、大数据等大规模应用的需求，使 GPU 加速的异构体系结构得到了更广泛的应用，CPU+GPU 的异构加速集群架构成为当前互联网企业开展 AI 训练的首选架构。

5）亚洲国家在世界 TOP500 排行榜中的系统数量继续保持较高占比，但具体数量从前一年的 267 台降至 226 台。世界 TOP500 排行榜中来自中国的超级计算机数量达到 173 台，总数继续排名世界第一。但我们也应该看到，在我国的上榜机器中，大部分系统并非应用在传统的科学计算领域，而是应用在新兴的互联网、云计算和大数据领域。

6）2021 年，我国 TOP100 排行榜中所有系统的 Linpack 性能均值为 6.91 PFLOPS，是前一年（3.84 PFLOPS）的 1.79 倍。2021 年，世界 TOP500 排行榜中，机器的平均 Linpack 性能为 6.07 PFLOPS，是 2019 年（4.86 PFLOPS）的 1.24 倍，增速较前一年的 1.47 有所下降，主要原因是排名第一的机器对平均性能的影响很大。中国 TOP100 排行榜和世界

TOP500 排行榜的 Linpack 平均性能均首次超过 6 PFLOPS。安装在国家超算无锡中心的神威太湖之光和安装在国家超算广州中心的天河二号系统的 Linpack 性能之和占到了中国 TOP100 排行榜的总性能的 24%。如何充分发挥神威太湖之光和天河二号的巨大算力，研制国产高性能计算应用软件，是我国高性能计算行业发展面临的主要挑战。

图 3.20 展示了中国 TOP100 排行榜研制厂商的上榜机器数量所占的份额。

2021 年，北龙超云公司的五台机器上榜，继前一年的同方和联泰公司集群之后又为中国 TOP100 排行榜榜单增加了新面孔。北龙超云公司的系统是和 Intel、DELL 等公司联合研制的。但国产超算在国内市场依然占据主导地位。2021 年，中国 TOP100 排行榜上厂商的上榜机器数量所占份额与前一年类似，国产机器的市场份额主要被联想、浪潮和曙光三家公司占据，联想以 40 台机器获得份额第一名，浪潮以 28 台位列第二，曙光以 12 台获得第三名。

图 3.21 展示了从 2002 年到 2021 年中国 TOP100 排行榜中国内外厂商上榜机器数量所占份额的变化。

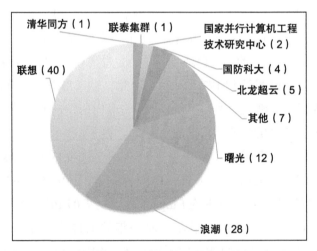

图 3.20　中国 TOP100 排行榜研制厂商上榜机器数量所占份额（2021 年 11 月）

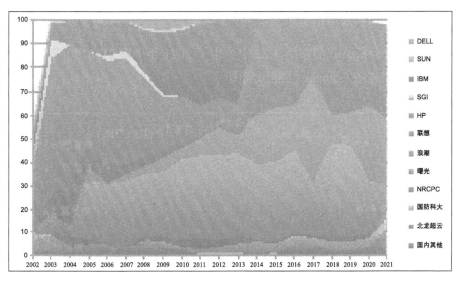

图 3.21　中国 TOP100 排行榜中国内外厂商上榜机器数量所占份额（2002—2021）

从装机数量上看，前三名分别是联想（40%）、浪潮（28%）和曙光（12%）。北龙超云公司作为高性能计算机研制厂商出现在 2021 年的 TOP100 排行榜上，并继续占据 5% 的份额，其中三套系统占据了第 7、10 和 11 名的位置。联想、浪潮和曙光公司虽夺得机器总数量的前三名，且总数量达 80 台，但其机器总性能与神威和国防科技大学的机器性能总和相当，说明其硬件系统仍然是中小规模。通过收购 IBM 公司 x86 高性能计算产品线，联想第八次夺得机器数量份额冠军，如何继续保持良好的发展势头是联想公司面临的主要问题。目前的中国超算市场由原来的联想、浪潮和曙光三足鼎立逐步变为联想和浪潮间的竞争。2021 年，国外厂商在 HPC 领域通过联合北龙超云进行共同研制而返回中国市场，未来如何发展值得关注。国内机器厂商在逐渐获得国内市场的领先优势之后，均着手布局国际高性能计算市场，其中华为和联想公司由于本身是跨国公司，具备先发优势，浪潮和曙光两家公司从 2018 年开始在国际市场上也有所斩获。从 2021 年 11 月的世界 TOP500 排行榜数据看，我国以 173 台的数量超过第二名的美国（143 台）。联想制造的超算系统达到 180 台，位列厂商第一，浪潮和曙光分别以 51 台和 36 台位列第二名和第三名，三家厂商的机器数量之和占比超过一半，出口 94 台机器。

为便于分析，我们在图 3.22 中给出了 2021 年中国 TOP100 排行榜中的行业应用领域 Linpack 性能份额图。

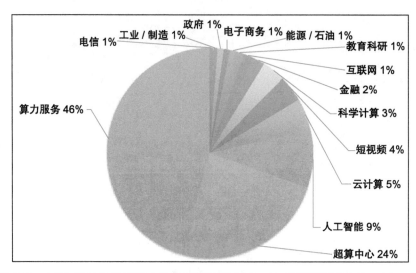

图 3.22　中国 TOP100 排行榜中的行业应用领域 Linpack 性能份额图（2021 年 11 月）

从 2021 年 11 月发布的我国 TOP100 排行榜的行业应用领域来看，最大的变化是增加了算力服务这一类型，充分反映了算力经济时代的到来。算力将具体的计算软件和硬件统一抽象为执行计算的能力。算力服务是提供算力的一种模式，是包括算力生产者、算力调度者、算力服务商以及算力消费者在内的算力产业链上算力经济模式的统称。

算力经济概念的提出者、中科院计算所的张云泉研究员指出，以超级计算为核心的算力经济将成为衡量一个地区数字经济发展程度的代表性指标和新旧动能转换的主要手段。综合近几年的发展趋势，我们认为随着超算与云计算、大数据、AI 的融合创新，算力已成为整个数字信息社会发展的关键，算力经济已经登上历史舞台。

首先，高性能计算与云计算已经深度结合。高性能计算通常是以

MPI、高效通信、异构计算等技术为主，偏向独占式运行，而云计算有弹性部署能力与容错能力，支持虚拟化、资源统一调度和弹性系统配置。随着技术的发展，超级计算与容器云将实现融合创新，高性能云成为新的产品服务，AWS、阿里云、腾讯以及百度等公司都基于超级计算与云计算技术推出了高性能云服务和产品。

其次，超算应用从过去的高精尖领域向更广、更宽的方向发展。随着高性能计算机的快速发展，其应用领域也从传统的具有国家战略意义的核武器模拟、信息安全、石油勘探、航空航天等科学计算领域向更广泛的国民经济主战场快速扩张，涉及生物制药、基因测序、动漫渲染、数字电影、数据挖掘、金融分析以及互联网服务等，可以说已经深入各行各业。从近年中国 TOP100 排行榜来看，超算系统过去主要应用于科学计算、能源、电力、气象等领域，而近五年来，互联网公司部署的超算系统占据了相当大比例，主要应用涉及云计算、机器学习、人工智能、大数据分析以及短视频等领域。这些领域的计算需求急剧上升，超算正与互联网技术进行融合。

再次，国家已经制定了战略性的算力布局计划。2021 年 5 月，国家发改委等四部门联合发布《全国一体化大数据中心协同创新体系算力枢纽实施方案》，提出在京津冀、长三角、粤港澳大湾区、成渝城市群以及贵州、内蒙古、甘肃、宁夏建设全国算力网络国家枢纽节点，启动实施"东数西算"工程，把东部的数据送到西部进行存储和计算，在西部建立算力节点，改善数字基础设施不平衡的布局，有效优化数据中心的布局结构，实现算力升级，构建国家算力网络体系。

最后，人工智能的算力需求已成为算力发展的主要动力。机器学习、深度学习等算法革新和通过物联网、传感器、智能手机、智能设备、互联网技术搜集的大数据，以及由超级计算机、云计算等组成的超级算力，被公认为人工智能时代的"三驾马车"，它们将共同推动新一轮人工智能革命。在人工智能蓬勃发展的背景下，虚拟化、云计算向高性能容器云计算演进，大数据与并行计算、机器学习的融合创新成为产业发展的新方向。在智能计算评测方面，已经提出了包括 AIPerf 500 在内的众多基准测试程序，这是对传统 Linpack 测试标准的有力补充。

这些发展表明，超算技术向产业渗透的速度加快，我们已经进入一个依靠算力的人工智能时代，这也是未来发展的必然趋势之一。随着用户对算力需求的不断增长，算力经济必将在未来的社会发展中占据重要地位。

从 Linpack 的性能份额看，算力服务以 46% 的比例占据第一，超算中心以占比 24% 排名第二，人工智能、云计算和短视频分别以 9%、5% 和 4% 的占比紧随其后。人工智能应用的占比继续保持增长与大数据、深度学习算法的广泛应用有直接关系，互联网公司纷纷投入巨资建设新系统，特别是投资 GPU 加速的异构超级计算机，充分发挥深度学习算法的应用价值。根据历年积累的数据，我们在图 3.23 中给出了中国 TOP100 排行榜从 2002 年到 2021 年的应用领域趋势图。

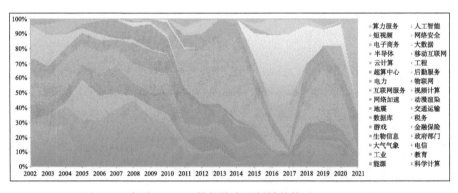

图 3.23　中国 TOP100 排行榜应用领域趋势（2002—2021）

在近 20 年的时间里，中国超级计算机发展迅速，国产三剑客神威太湖之光、银河 / 天河、曙光引领中国超级计算机的研制，十几次连续获得世界 TOP500 排行榜的第一名。

在过去 20 年中，我国各地建设的许多超算中心为社会提供了大量计算资源，很好地支持了一批重要的应用，使我国高性能计算应用的广度和深度有了长足的进步。最初，我国的高性能计算机主要用于天气预报、石油勘探等领域，运行的并行度仅有十几个到几十个处理器，应用则主要是进口软件。十多年之后，我们的高性能计算应用已扩展到许多领域，包括航空 / 航天、发动机研制、高铁设计、地球物理，油层模拟勘探、药物筛选、气象预报、生物科学、汽车碰撞、流体机械优化设计、芯片设计和测试（EDA）等。

虽然我国高性能计算机系统的装机峰值和数量均已位居世界前列，也取得了一批重要的应用成果，但与西方先进国家相比，在不少方面仍存在差距。

以国内高性能计算在工业领域的应用为例，上海超级计算中心主任李根国博士总结了当前面临的几个挑战：

1）工业仿真软件的应用是主要制约因素，当前工业计算仿真的应用普及性、并行规模和并行效率都远远落后于硬件发展。

2）高性能计算领域的专业人才数量不足，懂应用的人员水平差别很大，社会上相关的专业培训较少，模拟仿真技术人才队伍和我国制造大国的地位不匹配。

3）计算仿真问题的计算规模和复杂度不够，国内使用高性能计算解决工业工程领域问题的类型和复杂程度不高。

4）超算资源主要集中在重点城市和重要领域，发达城市的超算需求也高。但是，一线城市的能源紧张，超算的能源消耗巨大，这对电力紧张、有减少碳排放要求的城市是个挑战。

我们常说"人不会消耗算力，消耗算力的是应用"，发展超算的软件和应用是关键。以前，超算的应用主要集中在高校、科研院所的科研项目中，随着我国工业领域的发展，工业制造领域的高性能计算应用发展迅猛，CAE/CFD 的工业仿真计算随着多 CPU / 多核 GPU 并行算法不断改进和突破。现在，我们已经可以实现更大规模、更高精度的计算了。

CAE 软件应用也从单一物理场分析发展到多尺度、多目标和多物理场耦合模拟仿真手段的深入开发和便捷使用。

下面通过我国几个超算中心的案例来说明 CAE 在超算中心的使用情况和成果。

3.3.2　上海超算中心助力工程仿真应用

在我国，许多超算中心部署了工业 CAE/CFD 仿真软件，为我国制造业从"小米加步枪"到"飞机大炮"的全面提升提供了数字化、智能化的设计和制造的保证。以上海超算中心为例，从 2000 年成立至今，投入使用的工业应用通用软件有几十种，包括结构计算软件 LS-DYNA、Abaqus、ANSYS 和 NASTRAN，计算流体力学软件 FLUENT 和 CFX，电磁场计算分析软件 FEKO，优化设计软件 Optimus 等以及各种前后处理软件。这些软件在航空、汽车、钢铁制造和船舶工程等领域的科学研究中发挥了积极的作用。

1. 航空

高性能计算机的发展推动了计算流体力学（CFD）在工程领域应用的广度和深度。在航空领域，从飞机布局研究、关键气动部件设计、发动机设计到飞机性能分析都广泛应用了 CFD 技术。航空工程 CFD 的精度要求比较高，从局部的平板/翼型到整机的复杂构型模拟仿真过程中，CFD 流体模拟仿真需要建立非常精细、规模也更为巨大的计算网格。在飞机全机计算中，采用工程湍流模式的全机网格规模早就突破千万量级，普通计算机和工作站都难以完成这种量级的计算，即使能够计算，计算时间也会非常长，因此必须借助高性能计算机进行大规模并行计算。同时，CFD 软件的可扩展性在多学科工业计算软件中也表现较好，多核并行加速性能比较突出，能够充分发挥高性能计算集群的规模和性能优势。通过多年的应用和测试经验积累，如今基于高性能计算的 CFD 已成为与理论分析和风洞实验并列的三种主要研究手段之一，常应用于飞行器总体设计分析（包括模态分析、失稳分析、飞鸟撞击、总体气动性能、发动机气动匹配等）、机身子系统设计分析（加工成型、动力响应、复合材料设计、起落架机构运动等）等方面。流体计算还可用于处理湍流构型阻力、增升装置性能预测、发动机空气系统设计以及重要的气动－声学风洞模拟等问题。

上海某飞机设计研究中心从多年前就开始使用上海超算中心的高性能计算机进行飞机气动设计等 CFD 仿真相关的工作，2010 年以来平均每年使用约 300 万核小时以上的计算服务。典型应用包括：①部件气动力计算，对全机流场进行 CFD 求解，分析部件附近的空间流场，分解出部件上的气动力和力矩。②带动力影响气动力计算，对带动力短舱的气动外形进行 CFD 分析，模拟发动机的进排气影响。③全机复杂气动力计算，对复杂构型全机流场进行 CFD 求解，用于流场分析、设计验证和构型评估等方面。④配合结构、环控氧气、强度等专业的特种需求，开展对应的全机流场、局部流场 CFD 计算分析，为这些专业领域提供设计输入和校核所需数据。⑤增升装置精细气动优化设计，等等（如图 3.24 和图 3.25 所示）。再如，为快速、准确评估外形变化导致的气动特性变化，利用超级计算机完成了飞机的小翼设计方案、翼身鼓包设计、襟翼滑轨设计、机翼吊挂与发动机一体化设计工作，改变了传统的依赖试验或原型机验证的方式，提高了设计水平，缩短了研制周期，降低了设计成本。

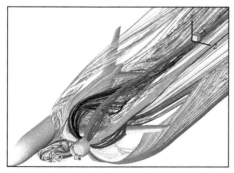 

图 3.24　发动机反推格栅设计分析　图 3.25　机翼表面压力云图及空间流线分布

航空发动机设计也深度应用了高性能计算。现在，涉及航空发动机各领域的计算模型已达百万至千万级规模，单次计算所需时间普遍达到千CPU核小时以上，这种大规模的计算需求依靠普通工作站难以满足。上海超算中心为商用航空发动机结构强度分析及流场计算分析等提供了强有力的支撑和服务，满足了商用航空发动机研制过程中的高性能计算资源需求，为飞机发动机的设计方案、适航审定、关键技术预研提供重要的结果支撑和验证，加速了发动机的设计进程。比较典型的应用包括：①航空发动机气动性能CFD研究，分析导致燃气入侵的主要因素以及封严效果的影响因素；②航空发动机燃烧特性分析，采用CFD流体分析软件研究不同主燃级内径尺寸对燃烧室流场、燃烧及排放特性的影响，对不同的湍流和燃烧模型进行校核分析，以确保准确、客观地反映燃烧室流场和排放特性的数值模拟方法；③整机FBO动力学和静力学分析，建立整机模型，进行整机层面叶片脱落机匣所受冲击载荷分析；④航空发动机零件级试验过程仿真再现，对航空发动机试验过程进行再现，并对试验参数进行敏感度分析；⑤航空发动机优化设计，实现叶轮机端壁任意曲面拟合及参数化造型，在高压压气机流场分析和二级动叶端壁曲面造型参数敏感性分析中采用DOE和多种优化策略，等等（如图3.26和图3.27所示）。

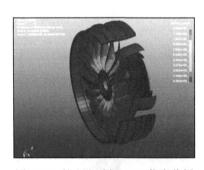
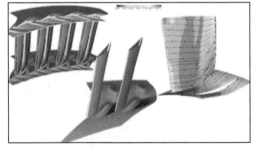

图 3.26 航空发动机 FBO 仿真分析　　图 3.27 叶轮机端壁造型设计优化

2. 汽车

经过上百年的发展，汽车工业已经成为世界各国重要的经济支柱之一。2009年，我国一跃成为世界排名第一的汽车产销大国。近年来，乘用车产销量增速持续高于行业整体增速，成为拉动汽车行业增长的主要力量。作为制造业应用的中坚和代表，汽车设计一直是 CAE 应用相对广泛和成熟的领域。CAE 分析覆盖了结构力学、流体力学、多体动力学等学科知识，从零部件到整车装配级别的研发设计阶段都要做大量的计算，涉及刚度、强度、NVH、机构运动、碰撞模拟、板件冲压、疲劳和空气动力学分析等力学和计算问题。CAE 已经贯穿汽车研发设计的整个流程，成为不可或缺的设计工具并发挥着无可替代的优势和作用。在汽车新产品的研发过程中涉及的多学科问题都可以在设计阶段解决，从而大幅度提高设计质量，缩短产品开发周期，节省开发费用。汽车行业竞争激烈，新产品研发周期非常紧张，数量庞大的设计计算任务离不开高性能计算集群的支撑，而价格昂贵的各类商业 CAE 软件更让汽车行业用户将目光转向公共计算服务的超算中心，以减小企业的成本压力。

上海超算中心的汽车用户群既包括大型主机厂，也包括汽车零部件供应商。以上汽为例，十多年来在"荣威"系列车型的开发过程中，借助上海超算中心的平台完成了大量虚拟安全碰撞试验计算工作，使虚拟碰撞试验数量、分析精度、精细程度和设计周期等都接近全球一流汽车研发水平。一些典型应用案例如图 3.28 和图 3.29 所示。

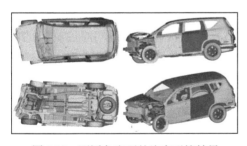 

图 3.28　不同角度下的汽车碰撞结果　　图 3.29　汽车内饰板研发模型

3. 钢铁制造

钢铁制造是世界所有工业化国家的基础，也是我国具有悠久历史的重要工业领域，我国钢铁工业近几年在产量、出口量和消费量方面均取得了世界第一，我国已成为全球钢铁生产大国。钢铁工业是一种多工序流程工业，它包括从原料准备到冶炼直至最后轧制成材的数十道工序，冶炼、轧制等工序对最终产品的质量起着决定性的作用。在计算机软硬件飞速发展的今天，数值模拟技术以其低成本、高效率的优点在钢铁工业中得到日益广泛的应用，人们可以对从冶炼到加工的各项工艺进行计算机过程模拟、系统优化、自动控制和监测。这种分析方法使钢铁工业从过去以经验和知识为依据，以"试错"为基本方法的工艺阶段向以模型化、最优化和柔性化为特点的工程科学阶段转变。

国内某知名钢铁制造企业利用上海超算中心的计算资源支撑研发计算工作，已基本建成钢铁产品开发所需的比较齐全的数值模拟、物理模拟、理化解析、中试等验证手段，模拟实验代替了以前动辄用大生产线进行的实验，使产品开发过程变得更加科学、高效和经济。其中数个跨部门、跨领域的数值模拟团队加速了数值模拟在企业的研究和应用，每年有大量数值模拟案例应用于生产现场攻关、产品开发、工程建设以及用户服务等领域，数值实验已成为快速、便捷、高精度的研究手段，服务于公司生产经营。

利用上海超算中心资源的典型应用包括：①结晶器内钢液流动、温度分布以及凝固过程的数值模拟，针对某连铸机的生产现状采用CFD软件开展模拟并比较分析了不同形状水口、不同断面及拉坯速度的影响，为实验测试以及生产实践提供指导。②产品变薄拉伸成形数值仿真，建立变薄拉伸成形数值仿真模型、基于仿真模型快速评估不同厚度材料的变薄拉伸性能、通过计算优化产品形状和变薄拉伸成形工艺。③大规模矫直机装配体全三维强度及刚度分析（如图3.30所示），发现矫直机本体结构的变形规律及薄弱部位，确定矫直机的极限承载能力和安全系数。④板坯热轧边部缺陷攻关，对粗轧过程进行模拟，查看各种因素对边部线状缺陷的影响。⑤镍基合金圆柱形热模拟试样鼓形研究，对试样在加热和保温后的单向压缩变形过程进行了模拟，分析试样中变形热扩散和鼓形随应变速率变化的规律。⑥多辊矫直机辊系分析，针对辊面磨损变形、支承辊开裂和热固耦合等问题开展研究，通过大量计算工况进行结构参数优化，改善辊系的受力状态。⑦淬火机喷水系统水流场分析（如

图 3.31 所示），通过计算分析淬火机冷却水系统各个区段结构内部的流动情况，获得高压段多排喷嘴管和单排喷嘴管、低压段喷嘴管的流量分布情况，通过参数优化为喷嘴的改进和结构的优化提供有利参考；⑧产品缩颈翻边成形全流程数值仿真分析、特殊钢板带热轧工艺参数研究、B柱小总成零件轻量化方案设计、连铸坯细晶区轧制过程形状演变模拟研究，等等。

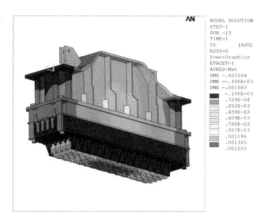

图 3.30　矫直机刚度强度分析

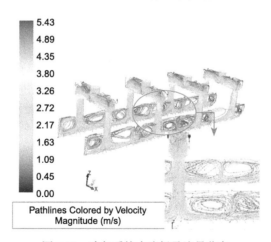

图 3.31　冷却系统水流场及流量分布

4. 船舶工程

作为我国传统产业的船舶制造业在过去十多年间进入了蓬勃发展时

期，一方面得益于国家宏观产业政策的扶持，另一方面得益于 CAE 技术的提高和广泛应用。针对产品全生命周期的船舶 CAE 将信息化技术与船舶制造相结合，实现了船舶产品的设计、制造、维护和管理的信息化，提高了船舶工业研究、开发水平和生产制造能力，加快了船舶产品与设计技术的创新，加速了船舶研制、生产和造船企业经营管理的现代化进程，提高了我国船舶制造业的综合能力和核心竞争力。

上海是我国船舶工业的重要基地之一，不仅拥有世界闻名的大型造船企业，也分布着不少与船舶设计制造相关的设备配套企业和科研院所等。不少单位与上海超算中心建立了非常紧密的联系，使高性能计算在船舶研发设计中发挥了重要作用。某船舶研究所使用上海超算中心的资源，围绕船舶推进装置的设计优化开展了大量 CFD 计算工作（如图 3.32、图 3.33 所示）：①多螺旋桨推进时相互干扰流动现象和性能机理分析研究，提高设计人员对多桨推进性能的认识。②吊舱推进器性能计算，对吊舱在不同进速系数下的推进性能进行了比较研究。③桨舵干扰研究，详细计算了桨舵推进器部件以及周围的流动特征，包括压力分布、速度矢量分布、流线以及涡形态等，得到了桨舵互相干扰的规律。④吊舱式推进器水动力性能预报技术研究，对吊舱推进器在不同流动状态和舵角工况下的性能进行了分析计算。⑤船舶水动力节能装置的数值模拟与应用研究，对补偿导管、舵球和毂帽鳍等几种节能装置进行数值优化计算，分析各节能装置的工作机理及其对流场分布的改善。

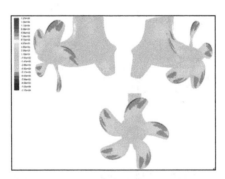

图 3.32　吊舱推进器表面压力分布

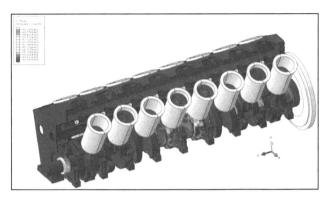

图 3.33　柴油机抗冲击性能动力学仿真分析

3.3.3　神威太湖之光：独立自主研发的超级计算机的样板

　　基于神威太湖之光完成的课题中，航空、航天、船舶等领域应用，以及工业领域相关的电磁、结构力学、流体力学等学科课题占比超过42%。在航空航天领域，某研究所完成飞机低速大攻角深失速特性的精细数值模拟，计算网格规模由千万个网格提升到两亿个网格，计算时间缩短到 10 小时以内，大大减少了风洞实验次数，降低了设计成本，对飞机气动设计工作具有重要指导意义。某研究单位完成飞行器内外流计算的高精度数值模拟，网格规模达数亿个，计算规模达百万处理器核，计算结果与实验符合较好，对实际设计工作具有重要指导意义。某公司完成雷达目标电磁探测的计算机模拟仿真，使用独特的算法技术结合大规模并行，在 3 个小时内完成了常规计算需要数十天的计算任务，计算结果与实测吻合。某实验室使用 16 384 个处理器在 20 天内完成常规需要12 个月的计算任务，计算结果与风洞实验结果符合较好。在船舶和海洋工程领域，某研究所完成噪声模拟的超大规模并行计算，网格精细化程度提升两个数量级以上，显著加速了研制进程。此外，还完成了某波浪载荷模拟的超大规模并行计算，网格精细化程度提升两个数量级以上，显著加速了研制进程。

　　图 3.34 是基于神威太湖之光的课题领域及分布。

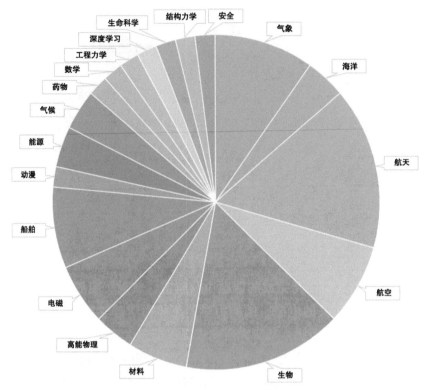

图 3.34　基于神威太湖之光的课题领域及分布

国家超级计算无锡中心先进制造部部长任虎表示，基于神威太湖之光超级计算机进行模拟仿真，显著提升了求解问题的精度和规模，对工业装备设计创新和工业运营降本增效有重要意义，他还介绍了其团队实施的两个典型案例。

国内某研制单位自成立以来一直将发展仿真技术、支持设计研发作为公司战略，成立了专门的工程软件开发团队，研制自主开发的航空发动机三维 CAE 仿真软件，以期为设计人员提供与世界发动机 OEM 相近水平的自主可控的分析和优化工具。其自主开发的燃烧数值仿真软件已经具备了计算航空发动机燃烧室单头部、扇形和全环试验件冷态和 LTO 循环全过程热态计算能力。基于神威太湖之光，经过多年努力，自主研制的燃烧模拟软件成功实现了超大规模并行。在性能测试算例中，网格规模达到了上百亿个，并行规模达到了 500 万核心，相对优化前版本提升了数个量级。除了计算规模，通过在国家超级计算无锡中心辅助商用 HPC 上部署国产自主超大规模前后处理工具，实现了航空发动机燃烧室模拟的前处理—求解计算—后处理全流程并行，实现了真正可用的企业级高保真解决方案。目前，该单位基于这套软件已经实现了对全环燃烧室的大涡模拟，网格规模 10 亿个，得到了合理的结果。该单位 CAE 软件研发负责人表示，通过与国家超级计算无锡中心合作，目前已经掌握了航空发动机燃烧室高保真数值模拟能力，未来将为燃烧室燃烧不稳定性、点火联焰和热斑迁移等问题的模拟和解决奠定基础。

图 3.35 展示了我国自主研发的发动机燃烧模拟软件在神威太湖之光上的强可扩展性。

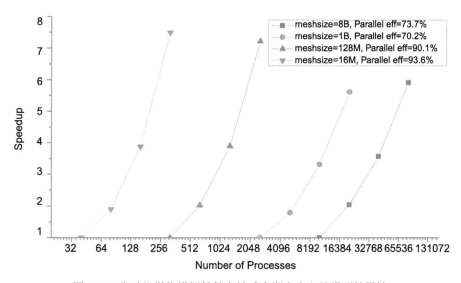

图 3.35　发动机燃烧模拟软件在神威太湖之光上的强可扩展性

某能源公司的云平台借助大数据分析和高性能计算技术，为客户提供风电场规划、测风方案管理、风资源评估、精细化微观选址、风场设计优化、经济性评价、资产后评估分析等全方位的技术解决方案。该系统的核心模块包括用来提供粗粒度风能预测的区域气象预报子系统，以及用于细粒度分析的流体力学部分（OpenFOAM）。国家超级计算无锡中心基于神威太湖之光超级计算机，对其所依赖的 CFD 核心软件 OpenFOAM 进行了全面的移植和并行优化。被优化的核心耗时热点包括代数多重网格求解、梯度等算子计算以及部分向量操作计算，典型热点最高的众核加速效果达到 15 倍的提升。此外，还对网格划分、任务映射和通信拓扑进行了优化，最终整体性能提升了 4 倍以上，使得神威太湖之光单核组性能达到同期 x86 芯片单核心的 2 倍。这一性能提升大大提高了该公司的平台业务容量，且每年可以节约数百万元的费用。在风电领域，最令人头疼的问题是风电的不稳定性。由于风电发电量具有随机性，因此能够进入电网的只占风电发电总量的一部分，这种现象俗称"弃风"。弃风率居高不下，是风电效益提升以及推广普及的一大障碍，而解决这一问题的关键在于精确预测。按照业界估计，风资源预测精度每提高 1%，将节约成本约 7 亿美元。借助超级计算机进行精确数值模拟，并通过 HPC 和机器学习训练降阶模型来提升预测时效，无疑是具有巨大潜力的方案之一。

图 3.36 给出了该公司云平台的业务流程。

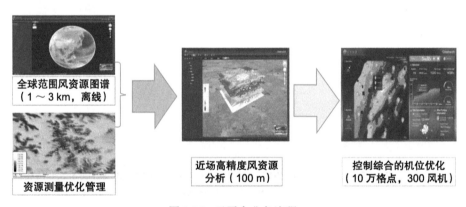

图 3.36　云平台业务流程

"神工坊"是无锡超算与北京天云融创软件技术有限公司合作开发的平台，旨在为工业互联网协同研发构筑创新基础设施，其主要功能是实现在线高性能仿真。以国家超级计算中心超算集群为支撑，神工坊集成了多个仿真求解和前后处理软件，面向企业和个人提供提供高保真、高性价比、定制化的仿真云服务。图 3.37 展示了神工坊的工作界面。

神工坊主要有以下特点：

1）PC 式的高性能体验。与传统超算服务模式相比，神工坊克服了命令行使用方式的体验问题和受众限制，在为用户提供友好图形界面的同时，保留了超算平台强大的算力支撑。图 3.38 和图 3.39 分别展示了神工坊的图形界面工作台和三维可视化图形界面。

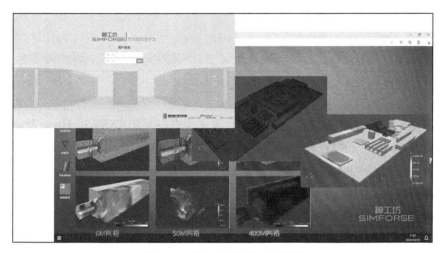

图 3.37 "神工坊"的工作界面

图 3.38 图形界面的工作台

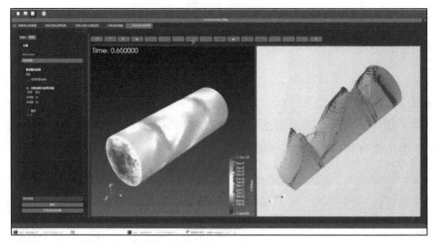

图 3.39　三维可视化图形界面

2）丰富的软件资源。国家超级计算无锡中心拥有 ANSYS、HyperWorks、STAR-CCM+、LS-DYNA 等商业软件，其中 ANSYS 高性能并行可达 2048 核。除此之外，神工坊平台还集成了可运行于神威太湖之光的图形化 OpenFOAM 开源 CFD 软件 SWOF、罐箱冲击仿真定制应用 TankSim 等。图 3.40 给出了"神工坊"支持的工业设计制造商业软件。

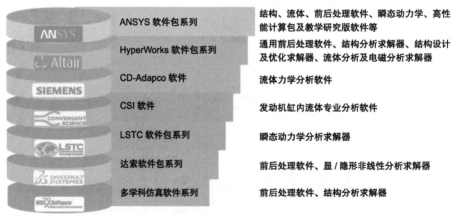

图 3.40　"神工坊"支持的工业设计制造商业软件

3）仿真全流程作业。"神工坊"平台将网格生成等前处理和后处理工具部署于同一平台，协同高性能计算上下游资源，克服了仿真全流程中的性能瓶颈，切实提升了高性能仿真业务的体验和效率。图 3.41 给出了汽车碰撞仿真计算结果。

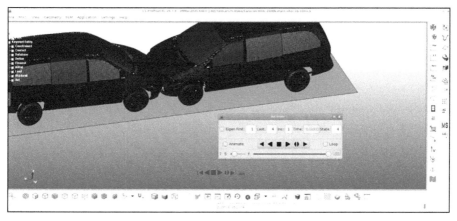

图 3.41　汽车碰撞仿真计算结果展示

4）海量的硬件资源。"神工坊"平台以神威太湖之光超级计算机、通用高性能集群为基础，提供海量的计算资源，并以丰富的图形 GPU 资源为支撑，可保障大规模问题图形化前后处理流畅运行。

5）完善的服务支持。"神工坊"平台除拥有 IT 和系统运维相关技术支持人员外，还拥有经验丰富的工业仿真工程师，可为用户提供技术支持，迅速帮助用户定位及解决问题。

6）保障用户数据安全。"神工坊"平台通过 VPN 技术保证用户传输链路数据安全。

除此之外，"神工坊"还支持高性能仿真应用开发，基于客户需求，以商业软件、开源软件及自研发软件为基础，定制开发行业仿真应用，这也为发展国产化的仿真软件打下了坚实的基础。

第 4 章

超级计算与云计算

云计算基于互联网而产生，用户可以购买各种相关的云服务。云计算是弹性资源，具有灵活的扩展性能。客户可以自己定义需求，云计算可以根据用户需求对算力进行灵活地扩展，利用最少的资源和成本来提供所需的计算能力。

近年来，云计算的迅速发展得到了 HPC 领域的从业者和用户的关注。云计算供应商试图在云计算中像提供其他服务（软件即服务、平台即服务和基础设施即服务）一样提供 HPC 方面的服务（HPC-as-a-Service，HPC 即服务），HPC 用户可以从多个维度（例如可扩展性高、资源按需付费、快速和低成本）受益于云服务。另一方面，将 HPC 应用程序迁移到云上也是很有挑战性的工作。比如，对于那些需要高速 CPU/GPU 的程序，选择云上虚拟化资源就得不偿失，因为会大大降低程序的运行速度。但这些挑战也使 HPC 在云上落地成为可能。2016年，Penguin Computing R-HPC、亚马逊的 Web Service、Univa、Silicon Graphics International、Sabalcore 和 Gomput 开始提供 HPC 云服务。Penguin On Demand（POD）云提供一种裸机模式来运行 HPC 程序，用户的登录节点则提供虚拟机。除了虚拟化带来的挑战，HPC 在云上落地的另一个挑战是网络带宽和网络延迟，POD 在这个方面进行了有益的探索，POD 的计算节点通过非虚拟化的物理 10 Gbit/s 以太网或 QDR InfiniBand 网络，为用户提供从 50 Mbit/s 到 1 Gbit/s 的连接 POD 的数据带宽。Penguin Computing 认为，亚马逊的 EC2 弹性计算云的虚拟化不适合 HPC，因为 HPC 云的用户可能距离云中心很远，网络的延迟会影响用户体验和一些 HPC 应用的计算性能。

尽管 HPC 上云面临一些挑战，并且上云的技术方案各不相同，但不可否认的是，HPC 上云已经是一种趋势。本章将介绍传统超级计算与云计算的区别、超级计算和云计算融合的必然性、一些技术挑战以及应对办法，最后介绍我国在超级计算云方面的发展情况。

4.1 传统超级计算与云计算

10年前，人们在听到"云计算"这个词时还是一脸懵懂，如今，云计算已经深入我们生活的方方面面，我们常用的网盘、社交软件以及各类手机App的运算和存储几乎都是以云计算作为技术支撑的。

可以说，云计算已取得全面成功，从互联网到媒体、机场、路边的广告牌，我们随处可见阿里云、腾讯云、亚马逊云等厂商的广告。云计算成功的根本原因就是降低了用户从传统的IT采购成本（CAPEX）到运营成本（OPEX）的各项成本。此外，云计算还有其他优势。比如，自建IT资源时，用户往往会受到自身建设规模的限制，而云计算没有可用资源规模方面的限制。这样，当用户有短时的业务峰值需求时，可以利用云快速准备好相关资源；云计算的产品和服务种类繁多，总有一款能满足用户的需求；灵活的收费模式能满足各种用户的需求。

尽管超级计算出现得比云计算早，但是超级计算是很晚才上云的，其中的原因是什么呢？

这就要从超级计算和云计算的区别谈起了。

4.1.1 超级计算与云计算的区别

简单来说，超级计算和云计算有以下区别：

1）超级计算机支撑的是一类专业、大密度、并行的任务计算，对硬件环境要求高；云计算主要支撑管理类软件或在线业务，其运行环境比较简单。

2）超级计算提供用户使用的是裸机，而云计算一般给用户分配虚拟机。

3）超级计算机一般需要高速低延迟网络，比如IB网络（投入成本高），而云计算一般不会配备IB网络。

4）对用户来说，使用超算和云计算，各有难度。

如今，云计算能够为大多数领域的用户提供计算能力，我们也能明显地看到近几年 HPC 上云的趋势，但并不是说云计算能替代超级计算。大多数研发人员的计算任务都是小规模的，一般云计算提供的算力就能满足需求。但面对 P 级计算，并且需要极低的任务间通信延迟的时候，只有头部的一些云计算厂商（例如 AWS）通过 EFA 可以提供相应的服务，而大多数云计算服务商只能提供 10 GB 带宽、毫秒级的延迟，因此无法满足要求。

HPC 主要执行计算密集型任务，CPU 的利用率已经很高，因此传统的虚拟化技术对于 HPC 的 CPU 利用率提升作用不大。虚拟化对计算密集型（数据能全部放进内存）应用的影响很小，而 I/O 密集型应用的性能会有一定程度的下降。虚拟化本身带来的硬件资源性能的消耗通常在 20% 以上，对于 HPC 单节点性能要求高的应用来说是一种损失。另外，对于 I/O 资源（包括存储 I/O、网络 I/O）要求高的高性能计算应用上云，云服务商如何给传统 HPC 用户提供超高性能的计算节点、更高吞吐带宽、更大 IOPS 的云上分布式文件系统，以及低延迟、高带宽的超级计算网络环境，是一个具有创新性的问题。同时，在我们选择云上运行 HPC 的任务时，这些能力和服务也是选择的依据。

虽然云计算是 IT 发展的趋势，面向传统应用也好，面向 HPC 应用也好，这种趋势是不可阻挡的，但就目前的情况来看，云计算替代超级计算来完成关键任务的研究还处于起步阶段。从技术角度看，AWS 这样的头部云厂商能够满足 HPC 各方面的要求，但是除了技术原因之外，对于 HPC 上云，还要考虑的一个重要因素是经济问题。

4.1.2 超级计算和云计算的经济学

为什么许多公司和商业机构会将他们的 Web 应用程序从企业的私有 IT 系统或私有云迁移到公有云上？主要原因就是企业想改变 IT 的投入

模式，从投资建设、运营运维转化到使用云计算服务的按使用量付费，IT 成本从采购成本（CAPEX）转换到运营成本（OPEX）。这样做，一方面可以解决资源平时闲置，但在高峰时又不够用的矛盾，另一方面通过业务向软件即服务（ Software as a Service ）交付模式的转变，可以节省大量的 IT 运维人员成本和服务成本。从云运营商的角度来看，当这些 Web 应用平时的资源利用率不高时，为这类应用提供云服务是有利可图的。具体方法就是通过虚拟化技术让资源实现超卖服务，就像网络宽带运营商将 1 GB 的物理带宽同时卖给 3 ～ 5 个需要 1 GB 的客户，因为这些客户不会同时出现使用峰值，这也是运营商可以超卖资源的前提条件（如图 4.1 所示）。所以，云供应商往往选择那些高可变性和低平均利用率的应用和业务提供上云服务，这样云供应商就能赚取合理的利润。

图 4.1 云计算的超卖模式

HPC 应用程序和 Web 服务程序有很大的不同，其计算资源的利用率很高，所以 HPC 系统与云业务模型的高可变性和低平均利用率的理想属性相冲突。而且，一般情况下，HPC 用户需要一个独享的计算空间。对于云提供商来说，这意味着分时共享、削峰填谷的做法行不通了，多租户的机会也没有了，只有提高价格才能将专用的计算资源租给单个租户。另外，云计算的黄金利器——虚拟化技术在 HPC 领域也几乎无用武之地，因为虚拟化和多租户会影响 HPC 程序运行的性能。虚拟化是云的一项基础技术，使用户应用便于部署、管理和弹性计算。但是，对 HPC 来说不是那样简单，需要花时间改进 HPC 程序；而且 HPC 应用程序对网络要求很高、也很敏感，网络的低延迟是绝大部分 HPC 应用程序的需求。为了满足这个需求，往往需要投资昂贵的高速低延迟网络，比如 InfiniBand。这与普通云计算小成本投入的以太网络（1 Gbit/s 到 10 Gbit/s 之间）形成了鲜明的对比，因此，限制了 HPC 应用程序在云上的运行：当网络性能变得很重要时，随着云部署规模的扩大，运营的收益会逐步降低。如果定价模型不变，为了满足云弹性而创建了很多虚拟机来满足性能，那么云部署就会变得不经济。而且，从 CAPEX 迁移到 OPEX 的好处在 HPC 领域就不那么明显了。当下，几乎所有的超级计算中心是由政府或社会机构投资建设的，CAPEX 对超算来说几乎是免费的，但是其运营成本（OPEX）则要由超算中心自行承担。超算中心的收入基本上只能覆盖超级计算机的维护和运营成本，即使有一些混合云的收入，但往往还是不够。到目前为止，HPC 的软件即服务的案例还很少，尽管这种情况在未来可能会改变。从客户角度看，阻碍 HPC 应用上云的重要因素是数据安全问题，因为 HPC 应用（比如芯片设计 EDA 的应用）的数据机密性很高，所以用户对其数据的安全性非常敏感。我们相信，这个问题在不久的将来会得到解决。

可见，HPC 上云似乎是个两难的事情，一方面，对于超算中心，HPC 上云没有利润；另一方面，HPC 用户对于上云后的数据安全性有顾虑。那么有没有一种商业或者运营模式和前提条件能被用户和云计算提供商都接受呢？与大型超级计算中心不同，中小型企业的 HPC 用户对 CAPEX/OPEX 的选择很敏感。例如，对初创公司而言，要满足 HPC 需求（例如仿真或建模）通常没有太多选择，因为不可能自行购买一台昂贵的高性能计算机，只能通过上云来获取 HPC 资源。对中小型企业而言，业务变数很大，因此不会选择随着需求增长去扩展现有的私有部署的 HPC 资源，他们宁愿采取随用随付费的方案，以规避 CAPEX 投入成本的风险。尤其是当业务缩减时，冗余的 HPC 资源会造成巨大浪费。与某个单体的有限的选择相比，有大量不同架构（具有不同的互连、处理器类型、内存大小等）和能力的云计算提供商可以为全球范围内的客户服务，而且可以更好地利用资源。让 HPC 应用程序运行在最经济的架构上的同时满足性能要求，可以为用户节省总成本。

不同于普通的云计算，从技术性能到经济因素，我们发现 HPC 上云是个复杂的问题，它和 HPC 应用程序的特性相关。虽然有些发现与早期的 Beowulf 集群行为相似，但今天的云在处理器、内存和网络技术等方面都取得了巨大的进步。虚拟化的出现引入了多租户、资源共享和其他一些新的影响。对于高性能计算云，我们认为需要深入研究以下几个方面：

1）混合云超级计算机平台（hybrid cloud-supercomputer platform）的好处是可以通过削峰填谷的方式使用资源，将平台的空闲资源提供给私有云以满足峰值资源需求，从而让作业获取"足够好"的资源，以更快的速度、更低的成本完成工作，性价比更高。对于混合云，未来需要更好地量化"足够好"的维度，以及研究更适用的高性能计算云业务模型。

2）轻量级虚拟化（lightweight virtualization）可以减少 HPC 应用在云端的运行消耗。通过低开销的虚拟化，原来运行 Web 应用的云资源也可以用于 HPC 应用。混合云的好处是可以兼顾传统的云应用和 HPC。这个解决方案需要虚拟化软件针对 HPC 应用进行调优和适配，这是未来一个内容丰富的研究主题。

3）在 HPC 应用程序的特征（application characterization）研究方面，性价比的取舍是一个复杂问题，也是一项艰巨的任务，但研究成果带来的经济效益是可观的。我们需要更多地了解复杂 HPC 应用在动态和不规则的通信模式下的重要特征。一个相关的方向是评估应用程序非常规的访问模型和动态数据集，比如从 4D CT 成像变换到 3D 的动态网格、计算流体动力学（CFD）的应用。

可见，限制超级计算上云的不是技术方面的障碍，而是经济学方面的因素。总结起来，目前HPC上云的主要障碍有以下几点：

1）经济利益的考虑，尤其对云服务提供商来说，提供HPC服务的成本远高于普通云计算服务。

2）HPC应用一般独占服务器资源，超卖和弹性变得困难。

3）数据安全问题，HPC用户往往对数据保密和安全的要求比较高。

面对用户的上述顾虑，云服务商要满足HPC的上云需求，就必须调整自身的策略，包括如何使HPC服务的云资源更加丰富，从而解决更大规模的计算任务。同时，云服务商应该从基础架构入手，不断降低数据中心、云资源的成本，既能够为用户提供超高的灵活性和弹性，又能够以更低的成本来服务高性能计算。

随着科技的进步，未来对于HPC的需求会越来越广泛，从科学研究到企业创新，再到个人发明，云上HPC会带来更多的助力，因此解决好HPC的上云问题已迫在眉睫。

4.2 超级计算和云计算的融合

4.2.1 超算上云已是大势所趋

在上一节中，我们讨论了超算上云（HPC云）的一些困难，但是超算上云已是不可阻挡的趋势，表现在以下几个方面：

1）0和1的问题。以工业产品的设计和制造为例，以前我们主要采用逆向设计制造方法。随着时代的变化，产品需要不断创新、提高质量和经济效益，因此越来越依赖正向设计，而正向设计需要大量的建模和模拟仿真计算工作，这就需要引入高性能计算。对于中小企业来说，构建传统的HPC基础设施成本高昂，而且企业无法快速支撑HPC需求的爆发性增长，因此高性能计算云是适合他们的方案。

2）传统云计算服务市场逐渐饱和，各大云提供商在HPC上云方面持续投入，使 HPC 上云不再是少数玩家的专利。

3）随着技术的进步，原来的一些问题和障碍逐步得到解决，比如高速网络的成本不断降低，适合 HPC 低消耗的容器技术可以大量用在 HPC 的应用上。

4）在商业 HPC 市场，应用软件和硬件的成本之比大约是 7∶3，这也是阻碍 HPC 上云的一大障碍。随着大量 HPC 开源软件的出现和国产化工业 App 的发展，人们使用 HPC 的成本会大大降低，从而激发更多用户实现 HPC 上云。图 4.2 给出了 Market Research Future 关于 HPC 云的研究报告以及到 2023 年的预测，可以看出，市场的复合增长率是 21%，前景很乐观的。

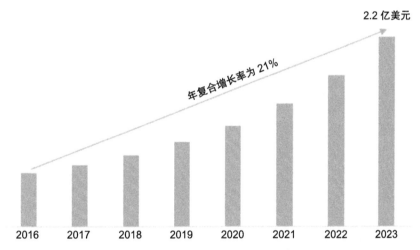

图 4.2　Market Research Future 关于 HPC 云的市场研究报告及预测

我们再来看看目前公有云发展所带来的一些优势，这些往往是超算中心所不具备的。

1）规模：以中国市场来说，截至 2021 年，HPC 总节点数不超过 10 万个，而云服务器总规模超过 100 万台。

2）可用规模：不同于超算中心模式，云计算中心的各个可用区之间是可以打通的，甚至可以在不同云厂商之间通过 API 调用打通使用，这意味着云计算中心的可用规模约等于其总规模。而超算中心对单个用户申请的资源上限会进行严格审核，如国家超级计算长沙中心规定单个用户最多使用 100 个节点。云计算中心对于单个用户也有类似的限制，称为"服务配额"，但这是由商业模式决定的，不是由技术限制决定的，类似给用户发放信用卡，信用越高额度越大。

3）短时最大可调用规模：云计算的一大特色就是具备短时间内大规模调用海量计算资源的能力，这一能力已在各行各业经过了充分的验证。哈佛大学医学院曾在 *Nature* 杂志发布了 VirtualFlow 开源药物发现平台，利用该平台调用 16 万个 CPU 对接 10 亿个分子仅耗时约 15 小时，而使用 1 万个 CPU 则需要 2 周。

4）基础资源种类：云计算中心主要提供虚拟资源，用户能够选择更为丰富的计算资源。例如，某公有云厂商的企业级云服务器 ECS 分为通用型、计算型、内存型、大数据型、GPU 型、本地 SSD 型、高主频型、FPGA 型、弹性裸金属九类，其中每一类还可以选择与不同的存储和网络进行组合。存储空间方面，可以选择 20 ～ 500 GiB 的高效云盘或 SSD 云盘作为系统盘，单块数据盘最多可配置到 32 768 GiB。网络带宽的选择范围也很大，用户可以选择"按固定带宽"和"按使用流量"两种计费模式，前者带宽值的可选范围为 1 ～ 200 M，后者的带宽峰值可选范围为 1 ～ 100 M。

5）附加产品和服务：由于云计算的服务对象比超算广泛得多，因此相比于超算中心，云计算中心的附加产品和服务更加琳琅满目（如图 4.3 所示）。

6）计费模式：相对于超算中心的机时计费或节点独占模式计费方式，云计算的计费模式更加灵活多样，比如：①预留实例，相当于批发，主要针对中长期需求稳定的用户，优点是整体价格比较低，缺点是资源必须长期持有，灵活性差；②按需实例：相当于零售，用户可即买即用，针对短期弹性需求可按小时计费，灵活精准，避免浪费，价格比较高；③抢占实例，也称为竞价实例，相当于秒杀，手快有手慢无，这是云厂商对于自身闲置资源的一种再利用方式。从云厂商的角度来看，灵活的计费模式可以提高资源的利用率，而对于用户来说，可以享受竞价实例带来的价格优惠。

图 4.3　某公有云的产品和服务目录

很明显，超级计算和云计算相结合为云计算和超算市场注入了新的活力。优势互补是大家共同的希望，无论是国内还是国外，主流云服务提供商都对 HPC 上云报以极大的热情。HPC 云将成为云计算领域一颗耀眼的新星。

4.2.2　世界知名高性能计算云提供商

1. 亚马逊

亚马逊（AWS）从 2006 年开始提供 HPC 的云服务，在这个领域处于领导者地位。AWS 主要提供具有强大存储能力的 IaaS 解决方案，可以让用户通过租用而不是购买的方式来获得运行计算密集型任务的能力，从而帮助用户节省大量的金钱并最大限度地减少浪费。

基于 AWS 云的超算解决方案，可以在数分钟内为用户创建一个高性能计算集群，而且其规模是客户自建集群很难达到的。这种创建高性能计算集群的效率可以为用户节约大量的时间，缩短成果的产出时间。除此之外，基于资源的多样性，AWS可以根据不同的应用场景配置优化各种处理器（CPU、GPU和FPGA）的服务器，更加贴合应用程序的特性，大大节省用户的投入成本。用户还有权限访问紧耦合、高I/O密集型和存储密集型的高带宽网络，这样可以让用户集群横向扩展到数千数万个核，从而增加更多算力。

最初的EC2服务并不适合运行HPC应用程序。亚马逊专门为HPC创立了集群实例（Cluster Instance），根据用户需求可配置虚拟HPC集群实例并提供给用户。AWS的第一个产品是提供两个集群实例，其中有数量众多的CPU，并配置了高性能的网络（10 GigE）。实例有两种规模的CPU核数，一种是基于Nehalem的4倍特大实例（8核/节点，23 GB RAM，1.7 TB本地存储），另一种是基于Sandy Bridge的8倍超大实例（16核/节点，60.5 GB的RAM，3.4 TB的本地存储）。

此外，亚马逊还提供了另外两个专门的实例。一个是GPU集群实例（计算密集型），它有两个NVIDIA Tesla Fermi M2050 GPU，具有高速的GPU运算能力和万兆以太网络性能。另一个是高I/O实例（数据输入/输出密集型），它提供两个基于SSD的卷，每个卷具有1024 GB的存储空间。

2. 谷歌

和AWS一样，谷歌云平台也提供了IaaS方案，但是谷歌提供了特别的按一分钟计费的模式。谷歌允许客户选择开源的Hadoop或谷歌的Cloud DataFlow来处理和存储数据。谷歌具有竞争力的价格吸引了很多大公司和中小企业。

3. 微软Azure

微软Azure为企业提供按机时付费的HPC解决方案。微软的优势在于拥有一批老客户，他们习惯使用微软的产品和解决方案。Azure提供了易用平台来集成Windows系统，进而支撑HPC任务在云中运行。Azure可以为SaaS和PaaS客户提供量身定制的解决方案。

4. IBM Spectrum

IBM 的 Spectrum 允许用户从各种公共、私有或混合云基础设施中进行选择，为用户提供灵活的远程管理系统的方式。IBM 为企业用户提供了许多开箱即用的解决方案，包括 IBM 高性能计算服务、高性能分析服务、IBM Spectrum 等。

5. Penguin 的 Computing On Demand（POD）

POD 云是第一个提供远程 HPC 服务的，从一开始它就是一个类似于内部集群的裸机计算模型。每个用户都有一个虚拟机的登录节点，该节点在代码执行中不起作用。标准计算节点有一系列选项，包括双四核的英特尔至强处理器、双六核的英特尔至强处理器或四核、12 核 AMD 处理器，速度范围从 2.2 GHz 至 2.9 GHz，每台服务器内存为 24 GB 至 128 GB，每个节点最多有 1 TB 的本地临时存储。

POD 提供预装数百个应用程序的 HPC 集群服务。这样做的好处是，用户可以为自己量身定制 HPC 解决方案。Penguin 也像 IBM 那样提供开箱即用的产品，但是用户只需要为构建、管理和使用的套餐付费。

相比云计算市场，HPC 云出现得较晚，但未来几年它将以非常快的速度增长。可以预见，未来几年会有更多的供应商在一些专门领域提供服务，会出现能够满足各种需求的 HPC 云，用户的选择范围会越来越大。每个供应商都会有自己的功能集，对用户来说，最重要的是根据自己的需求选择最佳的解决方案。

所谓最佳方案不仅是技术问题，还涉及价格或性价比问题，也就是在选择最佳方案时需要考虑价格因素。了解公有云的定价策略也是一门功课。公有云的定价一般是按需、计划或现货购买。比如，亚马逊按需购买 EC2 实例的成本如下：4 倍超大实例的价格为 1.3 美元 / 时（0.33 美元 / 核时），8 倍超大实例的价格是 2.4 美元 / 时（0.15 美元 / 核时），GPU 集群实例的价格是 2.1 美元 / 时，高 I/O 实例的价格为 3.1 美元 / 时。

因此，使用小型 HPC 云（80 个核，每个核 4 GB RAM，500 GB 存储）每小时费用为 24 美元（10 个 8 倍超大实例）。如果使用更大规模 HPC 云（256 个核，每个核 4 GB RAM，1 TB 快速全局存储）每小时的费用为 38.4 美元（16 个 8 倍超大实例）。

亚马逊对传输到 EC2 的数据不收取费用，但对从云中传输出去的数据收取不同的费用。此外，EC2 也存在存储成本。因此，总成本取决于计算时间、总数据存储和传输。一旦创建了实例，就必须由用户提供和配置实例，使其作为集群的一部分工作。

4.2.3　超级计算向云靠拢

当人们遇到一个用一台计算机无法处理的难题时会怎么做？无外乎是选择超级计算或分布式计算（或者云计算）来解决。

不管选择哪种方案，肯定需要多处理器共同完成一个任务。一台计算机包含处理器和存储器。处理器执行指令，存储器保存数据和指令。对于一个简单的计算任务，用一台计算机、一个处理器就够了。但是，如果要处理许多不同的变量或大型数据集，显然一个处理器是不够的，还需要额外的处理器来解决问题。现在有越来越多的场景需要使用大量的计算资源，比如实时天气预报、航空航天、生物医学工程、核聚变研究和核储备管理等。

在解决这些问题时，人们需要更复杂的系统，以便更快、更有效地处理数据。为此，人们要在一个系统里集成成千上万个处理器。如果采用多处理器方式，我们有两种选择，一种选择是使用超级计算机，但设备规模非常大而且价格昂贵。在这种方案中，计算机与所有处理器位于同一位置，所有数据都通过本地网络流动。另一种选择是在一个广域网或互联网上集成各种处理器，即分布式计算，这也是当下广泛使用的云计算模式。这时处理器可以位于不同的地理位置，所有通信通过互联网或广域网完成。

那么是采用超级计算还是云计算？

由于数据在超级计算机的处理器中能非常快速地进行处理，同一任务在一台超级计算机上计算没有任何问题，这非常适合那些需要实时处理的应用程序。缺点是超级计算机涉及昂贵的处理器、快速内存、特别设计的组件和精心设计的冷却机制，成本高得令人望而却步。另外，扩展一台超级计算机并不容易，一旦机器建好，加载额外的处理器就不是个简单任务。

相比之下，选择分布式计算的成本就低得多。分布式网络的设计可以非常复杂，但硬件组件和冷却机制不需要是高端的或专门设计的。它可以无缝扩展，当将额外的服务器（及其处理器）添加到网络中之后，处理能力也会随之增长。超级计算机的优势在于通过快速连接实现短距离数据发送，而在分布式架构下，数据是通过较慢的网络传输的。所以，云计算架构不适合传统意义上的高性能计算类应用，比如 MPI 类的应用。

显然，超算和云不是零和博弈，不同的应用场景决定了选择哪种方式性价比更高。比如，一对新人要筹备婚礼，除了选择黄道吉日外，他们还要关注婚礼当天的天气，而天气是极其复杂和难以预测的。

气象部门一般使用超级计算机来进行天气预报。为了准确地确定某一地区的天气可能如何演变，超级计算机将采用包含温度、风、湿度、气压、阳光等随时间变化数据的巨大数据集进行模拟。为了实时得到合理、准确的答案，必须非常快速地处理所有数据。因此，要想实时更新天气预报，使用超级计算机是必要的。但如果这里有数百万个实时应用在等待中，该怎么办呢？超级计算机没有那么多资源来处理这些任务。这时就不得不说云计算的优势了，相比一台超级计算机，云拥有数量巨大的处理器和内存。我们可以将那些对延迟不太敏感的任务发送到云端，使用云的资源来解决超级计算机资源不够的问题。例如，当美国宇航局的喷气推进实验室需要处理其火星探测器收集的大量图像数据时，使用托管在云上的计算机集群是一个好办法。

云也是一种分布式计算，和超级计算机在系统架构上类似。这意味着云厂商为这种分布式计算环境提供的性能、可靠性、可弹性可以满足超级计算用户的性能需求。云计算定义的计算资源的提供方式也是一种服务，会为那些超级计算用户提供更多价值，他们不再需要维护、更新和扩展超算资源，这些都由云服务商来完成。为了了解云计算和超级计算的区别，我们来看一个云计算作为超级计算机的案例⊖。

金融分析师布拉克斯顿·麦基（Braxton Mckee）身处竞争激烈的华尔街。作为对冲基金 Ufora 的创始人，出于工作的需要，麦基开始在云计算领域进行探索，希望利用云的计算能力及其广泛使用的技术。他开发了一套智能应用程序，该程序可以随着使用而变得更加"聪明"，麦基创建的电子表格是个 100 万行 ×10 万列的巨大表格，如此巨大的表格一般需要超级计算机或者至少是大型计算机来运行，但现在可以用低廉的云计算资源来完成。这得益于这些应用具备大数据的特点，因此适合云计算。

一些对冲基金已经在其业务中使用人工智能和机器学习。如今，Ufora 和类似的组织正在使用云来运行复杂的预测模型。云极大地降低了运行这些预测模型的成本。以前，麦基使用的计算系统需要几个月的开发时间和 100 多万美元的服务器成本。现在，他只需访问云服务器便可立即运行应用来处理数据。与专用计算相比，云计算在数据分析方面的速度快得多，因此计算机在麦基片刻休息的时间内（比如煮一杯咖啡的时间）就能完成工作。这听起来是不是很酷？

在人工智能和机器学习方面，云计算也大有可为。人们已经认识到，完全可以使用公共云运行复杂的算法，这样做也更有效率、更经济。反过来，人工智能行业正在蓬勃发展。彭博社有关风险投资对人工智能的

⊖ 引自文章 Supercomputing vs. Cloud Computing，作者 David Stepania。

信心的数据能很好地体现这一点：2014 年，获得风险投资的人工智能初创企业总数是 16 家，总投资额为 3 亿美元。到了 2010 年，2 家人工智能企业获得的总投资就达到 1500 万美元。可以看到，云的兴起推动了人工智能投资。一般认为，从事机器学习的公司擅长人工智能算法，但拥有样本大数据和样本数据的分析能力才是最重要的。相对于封闭的系统，使用云上的大数据分析能力就像开通一台虚拟机一样简单。正因为如此，每个人都能获得非常强大的预测模型。而对于传统的应用于科研教育的超级计算而言，向云迁移的趋势也变得非常明显。当我们讨论超级计算机和云的融合潜力时，关心的实际上是高性能计算日益增长的价值和可访问性。大学和企业的研究人员需要高性能计算机，他们也希望通过公有云来提供这种服务。

贝宝（PayPal）通过在 HPC 环境下运行节省了 7 亿美元。IDC 的数据显示，高性能计算的收益在近 15 年稳步地大幅增长：2019 年，高性能计算机的收益是 310 亿美元，而 2014 年的收益是 210 亿美元，这种增长一方面是由于公司转向使用高性能计算来处理其大数据任务，另一方面，较低的使用价格吸引了那些本来不打算使用 HPC 的用户。高性能计算系统现在对许多科学家、研究人员、工程师来说都是必不可少的工具，数据密集型应用的处理正从超级计算机转向云。

有一家公司想要建造一台有 15.6 万个核的超级计算机用于分子建模，以开发更高效的太阳能电池板。为了实现这一目标，该公司利用了云的广泛分布的资源特性，将跨多国的资源联合起来作为一台超级计算机系统使用。为了完成这个项目，他们总共运行了 1.21 GB 的数据，处理了 205 000 种可能的太阳能电池板材料。通过云计算将原来需要 264 计算机年（一台普通计算机需要运行 264 年）的任务在 18 个小时运算完成。该公司在云上构建的这台"超级计算机"的算力已经跻身全球排名前 50 位的超级计算机，但它没有购买任何物理部件。

尽管超算上云有这样或那样的困难，但在科研人员的努力下，诸多困难正在逐步克服。我们发现，超算上云的本质是将高性能计算大众化，这也将超算推向了那些以前无法使用超级计算机的个人和企业，这是个好消息。另外，超算上云使那些传统 HPC 用户拥有了大规模的资源，同时消除了他们系统的单点故障，不会再出现因为一台超级计算机故障而使计算不能进行下去的状况了。

4.2.4　高性能计算云的弹性集群即服务

不同于传统超算的按机时付费的模式，现代公有云提供 HPC 服务的模式是基于出卖一个 HPC 集群的 IaaS 服务、虚拟机集群或是物理机集群。用户一旦购买了集群，那么这个集群就由用户独占。与传统公有云服务不同，高性能计算往往需要成百上千个核，甚至上万个核，租用一个大集群的费用不菲，所以用户一般会租用一个最小核数的集群。当有大计算量的任务时，用户希望这个集群能够弹性扩容到合适的规模；当任务完成后，则希望集群再自动收缩到小规模核数（如图 4.4 所示）。

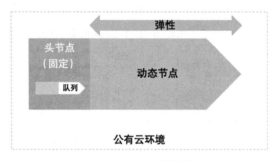

图 4.4　公有云的弹性集群

集群即服务（Cluster as a Service，CaaS）的一个重要功能就是要满足这个市场需求，这个需求对用户来说很重要，因为没有人愿意按算力的峰值去租用一个大集群。一般用户可以只租用一台登录机，当需求增加时，集群可以自动进行弹性扩展，如图 4.4 所示。我们调研了许多公有云厂商，他们都认为这个功能很好，差别在于计价策略的不同。这可能是个很复杂的算法。比如，可以设置弹性策略，在电价低的时候，或者资源空闲比较多的时候多购买资源，购买价格可以设置批发价或保底价等。

北京天云融创软件技术有限公司提出了一个 CaaS 弹性集群架构（如图 4.5 所示）。其中，SkyForm CMP 是云的 IaaS 服务平台，管理集群的服务器、网络和存储。天纺 CaaS 平台是集群的弹性调度器，可以根据负载大小实现高性能计算集群的弹性伸缩。同时，CaaS 能够管理 App 的生命周期，获知应用的负载特点和规律，这也给将来引入人工智能、机器学习留下了空间。通过大量的数据积累，再利用机器学习，会让弹性调度器变得越来越聪明，从而提高弹性调度的效率和准确性。

图 4.5　CaaS 弹性集群架构

SkyForm CMP 是一个私有云和公有云的资源统一管理平台，旨在让企业 IT 更为简单高效，可实现大规模资源管理、提高资源利用率和运维工作效率、保证业务连续性、增强业务系统可靠性。这个平台能帮助企业通过部署和协同多个云计算环境，提升业务响应与交付速度，实现应用灾备，优化云计算使用成本。SkyForm CMP 可以满足企业多云管理的需求，构建安全、稳定、智能、高可用、高扩展的平台软件，支持私有云、混合云以及特殊的 HPC 云、AI 云和容器云的 IT 需求。SkyForm CMP 定位为开放、中立的企业级云管理平台，向下对接企业传统的 IT 资源和云资源池，向上为系统管理员提供一体化的 IT 资源管理能力，实现面向最终用户的云服务交付。SkyForm CMP 底层可兼容国内外主流的云产品，如阿里云、亚马逊云等。

CaaS 平台（简称 AIP）是高性能应用和任务管理平台。这个平台通过整合多机算力、智能调度资源和管理应用环境来提升高性能计算和人工智能应用的综合运行效率，帮助企业缩短产品研发周期，助力协同设计，降低 IT 成本，增强企业的市场竞争力。CaaS 平台也能帮助教育和科研领域的用户提升高性能计算的使用效率，降低超算使用门槛以及运维成本，提升科学模型的研究速度。

混合云融合了公有云和私有云，是近年来云计算的主要模式和发展方向。我们知道，私有云主要面向企业用户，出于安全考虑，企业更愿意将数据存放在私有云中。但在一些情况下，企业又希望获得公有云的计算资源，这正是混合云的应用场景。我们可以利用公有云和私有云削峰填谷的优势，在保证数据安全的同时合理利用公有云资源，达到多快好省的目的。而对高性能用户来说，往往很难按照任务的峰值来构建 HPC 资源，这样做成本太高，而且资源利用率不高。实际情况是，企业往往已经自建了一个私有部署的高性能计算集群，当资源不够、负载过高时，用户希望能将这些负载弹性地扩展到公有云或第三方的高性能集群上，这时企业就需要一个混合云解决方案（如图 4.6 所示）来实现云和 HPC 集群的自动伸缩。

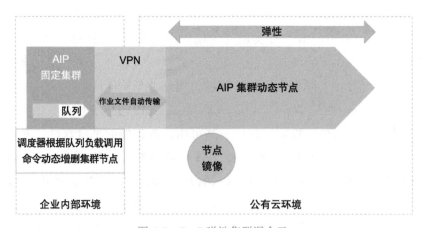

图 4.6　CaaS 弹性集群混合云

许多应用都需要远程可视化窗口，而这些应用往往需要 Windows 集群环境。图 4.7 是一个支持这种使用场景的架构，在这个案例中，为了支持图形显示，我们需要在几台 Windows 服务器上配置显卡，而其他计算节点可以采用 Linux 服务器，也可以采用 Windows 服务器。

在超算上云的大潮中，各个公有云厂商都有自己的市场策略和目标客户群，采用的技术和方法也不尽相同。在我们讨论虚拟化技术适不适合 HPC 应用的时候，亚马逊已经开始利用虚拟化来构建高性能计算云。下面我们就来介绍一下亚马逊高性能计算云为什么坚持走虚拟化的道路，其背后的合理性和逻辑是什么，又采用了哪些技术。

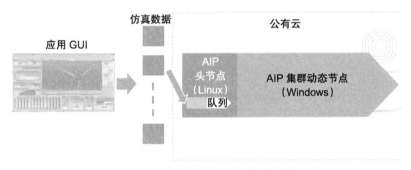

图 4.7　CaaS 弹性 Windows 集群混合云

4.2.5　亚马逊 HPC 云

作为公有云服务的"领头羊"，亚马逊在云计算领域一直是"第一个吃螃蟹的人"。在 HPC 上云方面，亚马逊也走在了前面。我们知道，超算上云有两个制约因素，一个是高速网络（类似 InfiniBand）问题，另一个是裸金属服务器问题。但是，公有云一般都希望应用在虚拟机上运行，这就出现了 HPC 应用运行在虚拟机上时如何保证运行效率的问题。下面就详细介绍亚马逊在这方面的工作。

1. 解决任务并发的技术创新

AWS 针对 HPC 推出了一系列创新型服务，除了包含不同 CPU 架构的计算实例（从 Intel 到 AMD、从 ARM 到 FPGA），还提供了各种新型 GPU 的实例。但最重要的是，亚马逊提供了面向更广范围的高性能计算市场的重要服务类别——弹性光纤网卡适配器（Elastic Fabric Adapter，EFA）。

面对规模越来越大的数据中心和各种服务集群，传统的 RDMA 技术已经无法满足超大规模数据中心对高性能网络的严苛要求。要想提升网络性能，通常有如下方法：

1）网络容量升级，例如整个网络从 10 Gbit/s 升级到 25 Gbit/s，再升级到 100 Gbit/s。

2）轻量级协议栈，数据中心网络和互联网网络在不同的层次中，数据中心网络是局域网络，距离短，延迟敏感，不需要采用复杂的用于全球互联的 TCP/IP 协议栈。

3）高性能软硬件交互，通过高效交互协议＋多路负载均衡、乱序提交、拥塞控制等实现低延迟、高可靠性（低性能抖动）和高网络利用率。

AWS 对网络进行了重新梳理，以提供超级计算应用程序所需要的持续低延迟性，同时保持公共云的优势：可扩展性、按需的弹性容量、成本效益以及快速采用更新的 CPU 和 GPU。AWS 构建了一个新的网络传输协议和可扩展的可靠数据报（Scalable Reliable Datagram，SRD），旨在利用现代商业化的多租户数据中心网络（具有大量网络路径），同时克服它们的局限性（负载不平衡和无关流冲突时的不一致延迟）。SRD 不保留数据包顺序，而是通过尽可能多的网络路径发送数据包，同时避免路径过载。为了最大限度地减少抖动并确保对网络拥塞波动进行快速响应，AWS 在自定义的 Nitro 网卡中实施了 SRD。

Amazon EC2 在高性能计算方面越来越受欢迎。它现在能够运行许多 HPC 应用，而以前运行这些应用需要建设大型超算中心或者租用超算中心的机时。从 2006 年提供云上计算能力开始，亚马逊就不断丰富它的计算类资源的产品线，目前可以提供近 500 种计算资源。但是在没有

EFA 高速网络环境之前，Amazon EC2 并不具备替代传统超级计算机完成高性能计算工作的能力。对于需要超快互连高速网络的工作负载，仍然要利用超级计算机来完成。2018 年，亚马逊在其高端集群中搭载 100 G 以太网连接后，EC2 的实用性得到扩展，特别是能够处理高性能计算中紧耦合、计算节点之间需要大量低延时高带宽交互的 HPC 任务。

亚马逊云在几年前已开发出有 3 万个核（甚至 5 万个核）的用于科学计算的并发程序的计算环境。但这些并发程序不是传统意义上的在高并发进程运行期间需要大量网络通信的任务，而是每个进程都独立运行且不需要通信的任务，在这种场景下，互连速度并不重要。

我们把这类并发应用程序称为"任务并发"，而那些需要高速互联进行通信的并行程序称为"任务并行"，即任务在运行期间需要同步通信。

在亚马逊的 10 千兆以太网连接的集群中，用户使用的服务器不局限在一个机房内，比如 Schrdinger 公司的制药和生物技术研究的应用软件需要 5 万个核，显然很难由一个计算机机房提供那么多核。于是，Schrdinger 公司从亚马逊分布在全球的七个数据中心地区获取这 5 万个核的计算资源，集群的规模可以很大。因为这类应用是典型的任务并发，所以对网络的宽容度很大。

但是，在 2018 年以前，AWS 的这个方法并不适合那些需要在服务器之间进行大量通信的任务并行应用。即使是在小规模的集群情况下也是如此。Schrdinger 公司的总裁 Ramy Farid 提到一个案例，他的公司在亚马逊的两个 8 核服务器上运行了一个高并行任务，结果很糟糕。2012 年，Cycle Computing 的首席执行官 Jason Stowe 指出，用来衡量世界上最快的超级计算机的 Linpack 测试是"面向 1%"的高性能计算应用，不适用于像亚马逊这样的通常意义的服务。

从这里可以看出，亚马逊曾经挑选了高性能计算中任务并发的应用上云，这是因为亚马逊认为市场上的任务并发应用占据高性能计算应用 99% 的市场。从投资回报的角度看，显然这是一个正确的策略。随着科技的进步，十年后的今天，亚马逊通过技术创新将1%的任务并行应用也搬到了云上。

2. 如何将任务并行应用上云

在最近的世界TOP500排行榜中，最高端的集群基本上都使用InfiniBand，或使用为高性能计算定制的或专有的高速网络。世界TOP500排行榜中的224个超级计算机使用了以太网，其中210个的速度为1 Gbit/s。这使得以太网在整体应用上略高于InfiniBand，但InfiniBand占据榜首，5个最快的系统中有两个使用InfiniBand，10个最快的系统中有5个使用InfiniBand。

使用10千兆以太网连接的最高级别集群是由亚马逊在自己的云上构建的。亚马逊的应用英特尔至强处理器的17 000核集群的浮点运算速度达到240 TFLOPS，在全球排名第42位。

亚马逊意识到，互连速度和I/O性能是限制高性能计算云的一个重要因素，而InfiniBand可以解决这些问题。尽管亚马逊云提供了其他超级计算中心没有的便利条件——通过刷信用卡和网络浏览器即时访问高性能计算云，但这种便利并不能说服那些需要InfiniBand高速网络的HPC用户。

亚马逊的EC2对于那些任务并发的应用程序表现得很好，因为高性能计算云满足了这类应用对大量计算核的需求。每个进程可以完全独立地运行，高速网络互连变得不那么重要了，因为在大多数情况下，它们只在作业开始和结束时才真正使用网络，从数据库中提取数据或结束时返回结果。

然而，许多科学计算程序需要使用消息传递接口（MPI）进行大量的进程间通信。比如计算流体力学的应用，工作中的每一个任务都要与其他任务进行交流。这些应用高度依赖任务间通信，因此网络延迟是影响性能的主要因素。当所有任务都需要访问一个共享数据存储时可能触发几十、上百兆字节的访问，带宽也会成为制约因素。

当亚马逊犹豫要不要选择 InfiniBand 时，亚马逊的 EFA 面世了。

云计算的好处之一是可以按需配置资源和回收资源，这与传统的超级计算截然不同。传统的超级计算机是定制的（建设周期一般需要数月或数年），因为成本和容量限制，超级计算机不是面向普通大众的。定制超级计算机的主要目的之一是满足 HPC 应用同步共享数据的需求。在云计算环境中，使用 InfiniBand 等专用硬件或专用于 HPC 工作负载的商用硬件非常昂贵、难以扩展且难以快速发展。

亚马逊选择使用现有 AWS EFA 网络（从 100 Gbit/s 开始）为用户提供经济实惠的超级计算功能，并添加了新的 HPC 优化网络接口作为 AWS Nitro 卡（提供网络功能）的扩展。

在通用的以太网络上运行 HPC 应用会带来一系列挑战。亚马逊使用商用以太网交换机来构建 Clos 网络拓扑。网络的连接质量和稳定性直接影响系统的可扩展性，比如，数据包延迟和数据包丢弃会干扰 HPC/ML 应用程序的正常运行。延迟异常会产生木桶效应，拉低所有任务的运行速度。所以，考虑和选择网络通信协议是个挑战。在研究 TCP 和 RoCE 网络通信协议后，发现它们都不能满足需求。

由于 TCP 和其他传输协议都不能提供所需要的性能级别，因此在使用的网络中，亚马逊选择设计自己的网络传输协议。可扩展的可靠数据报（SRD）针对超大规模数据中心进行了优化：它提供跨多个路径的负载平衡，并从数据包丢失或链路故障中快速恢复。它利用商用以太网交换机上的标准 ECMP 功能并解决其局限性：发送方通过操纵数据包封装来控制 ECMP 路径选择。SRD 采用专门的拥塞控制算法，将排队保持在最低限度，从而进一步降低丢包的机会并最大限度地减少重传时间。

亚马逊做出了一个有点不寻常的"协议保证"选择：SRD 提供可靠但乱序 / 无序的数据包交付，再在上层恢复数据包的次序。亚马逊发现，严格的有序交付通常是不必要的，强制执行只会造成队列的阻塞，增加延迟并减少带宽。例如，如果使用相同的消息标签，消息传递接口

(MPI) 标记的消息必须按顺序传递。因此，在数据传输层，数据的无序交付使得数据包并行传输成为可能，这对提升网络数据传输效率很重要，即把恢复数据次序的工作留给了上层。

亚马逊选择在 AWS Nitro 卡中部署 SRD 可靠性层。其目标是让 SRD 尽可能靠近物理网络层，并避免主机操作系统和管理程序注入的性能噪声，从而快速适应网络行为：快速重传并迅速减速以响应队列的建立。

SRD 作为 EFA PCIe 设备公开给主机。EFA 是 AWS EC2 实例（即虚拟和裸机服务器）的网络接口，使客户能够在 AWS 上大规模运行紧密耦合的应用程序，比如 HPC 应用和 ML 分布式训练。目前支持多种 MPI：OpenMPI、Intel MPI 和 MVAPICH，以及 NVIDIA 通信库。如图 4.8 所示，EFA 利用操作系统绕过硬件接口来增强实例间通信的性能（减少延迟、抖动、避免操作系统调用并减少内存副本），这是扩展这些应用程序的关键。

EFA 接口类似于 InfiniBand Verbs，可实现数据包重新排序消息分段和 MPI 标签匹配支持。EFA 作为 Elastic Network Adapter 的扩展，与传统的半虚拟化网络接口相比，可实现更高的 I/O 性能、更低的延迟和更高的 CPU 利用率。EFA 是 AWS 上的 Nitro VPC 卡提供的附加可选服务，适用于 HPC 和 ML 的高性能服务器。

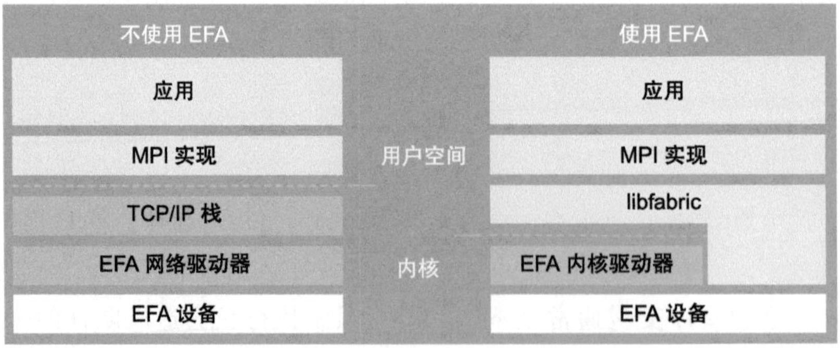

图 4.8　不使用和使用 EFA 的 HPC 堆栈

3. 亚马逊 HPC 虚拟机 Nitro System

亚马逊用虚拟机 HPC 集群获得了 9.95 PFLOPS 的成绩。一般我们都认为执行 HPC 的并行任务需要金属裸机和 IB 高速网络。但是亚马逊打破了这一魔咒，在美国笛卡儿实验室启动了 4096 个 EC2 实例（C5、C5d、R5、R5D、M5 和 M5d），共计 172 692 个核心，结果如下：

- R_{max}：9.95 PFLOPS，实际表现为每秒将近 10 万亿次浮点运算。
- R_{peak}：15.11 PFLOPS，理论上的峰值表现。
- HPL 效率：65.87%，为 R_{max} 与 R_{peak} 的比率，或硬件利用率的衡量标准。
- N：7 864 320，这是为了执行世界 TOP500 排行榜基准测试而转换的矩阵大小。N2 约为 61.84 万亿。
- P × Q：64 × 128，这是计算的参数，表示处理网格。

最终，实验结果位列 2021 年 6 月世界 TOP500 排行榜的第 41 位，在短短两年内性能提升了 417%。我们接下来研究一下为什么云上的高性能集群可以颠覆之前传统 HPC 的观点，取得如此好的性能。图 4.9 给出了世界 TOP500 排行榜官方网站上公布的笛卡儿实验室的测试结果。

从图 4.9 中，我们清楚地看到，系统采用亚马逊 Amazon Linux2，计算任务使用了 25 G 的以太网。对于高性能计算紧耦合任务，高带宽低延时的网络是刚需，而在云端可以实现 25 G 的网络，甚至高达 100 G 的网络，延时低于 15 微秒，这无疑是亚马逊对 HPC 客户的一种创新服务，而这些服务的性能表现主要归功于 AWS 在虚拟化层引入的自研的芯片技术——Nitro System。Nitro System 包括了 Nitro 硬件和 Nitro 虚拟化软件。它来自亚马逊公司在 2016 年收购的一家名叫 Annapurna Labs 的公司。

对 Annapurna Labs 的收购也是亚马逊在造芯之路上"征服"的第一座山。为了这次收购，他们花了 3.5 亿美元，但是现在来看，用 3.5 亿美元撬动了超过 4000 亿美元的全球云计算市场，还是非常成功的。截至 2021 年底，所有亚马逊云服务上的计算实例底层都搭载了 Nitro System 的技术。

图 4.9　亚马逊 Linux2 的一个实例

　　正是因为在云服务底层使用了 Nitro，使得亚马逊的虚拟机性能得到了极大的提升，同时在网络层可以支持 100 G 的网卡以及 MPI 等并行任务所需的协议。Nitro 是如何做到性能和功能双提升的呢？

　　Nitro 架构的总体设计思想是：轻量化的 Hypervisor 配合定制化的硬

件，让用户无法区分运行在虚拟机内和运行在裸金属上的操作系统的性能差异。

在 AWS 基于 Xen 架构的虚拟化系统中，服务器既要运行提供给客户的虚拟机，也要运行 Xen Hypervisor，还要运行 Domain0 中的各种设备模拟，包括网络、存储、管理、安全和监控等功能，导致服务器中大约只有七成资源能够提供给用户。也就是说，经过云服务虚拟化，大约 30% 的计算能力被虚拟化层损失掉了。

为此，Nitro 项目将焦点放在这 30% 的虚拟化损耗上，通过定制化的硬件，将这些虚拟化损耗转移到定制的 Nitro 系统上，让服务器上的资源基本上都能够提供给用户。图 4.10 是亚马逊 Nitro Hypervisor 的架构图。

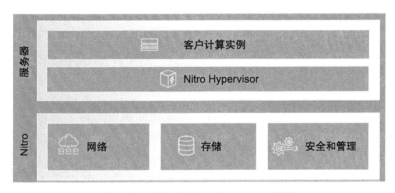

图 4.10　亚马逊 Nitro Hypervisor 架构

经过多次迭代，Nitro 最终具备三大优势：

1）Nitro 系统包含一个轻量级的 Hypervisor，Nitro Hypervisor 的性能损耗非常小，通常不到 1%，而传统的 Hypervisor 会占用大约 30% 的系统资源。

2）Nitro 提供硬件级别的安全机制，实现了网络、存储隔离的独立安全通道，同时在数据传输的所有环节都可以实现硬件级别加密，对用户数据进行保护。

3）Nitro 系统提供独立的网络和存储卡来保证 I/O 性能，让 AWS 能够不断推出具备更高存储带宽和网络带宽的计算实例。

笛卡儿实验室通过搭载 Nitro 技术的计算实例，实现了高性能的集群并成功跻身世界 TOP500 排行榜前列。

4. 天气预测的典型案例：MAXAR

基于 Nitro 技术，AWS 推出了具备 100G 网络带宽、15 微秒低延时的 EFA 网卡，使得很多之前在物理环境很难实现的工作负载可以很顺畅地在云端运行，而用户既不用担心高性能计算任务与物理 IDC 中 InfiniBand 网络的环境，又可以利用云中几乎无限的计算资源构建更大的集群，从而快速得到计算结果。

MAXAR 就是受益于 EFA 技术的典型案例。MAXAR 用于提供地球智能和空间基础设施，目前在轨道上拥有 90 多颗地球通信卫星，在火星上有 5 个机械臂。该公司每天收集超过 300 万平方公里的卫星图像的数据，并拥有超过 110 PB 的卫星图像数据。图 4.11 是 MAXAR 北美大陆的气象图。

当天气威胁到钻井平台、炼油厂和其他能源设施时，石油和天然气公司希望快速行动以保护人员和设备。对于交易石油、贵金属、农作物和牲畜等大宗商品的公司来说，天气会严重影响他们的交易决策。为了减少损失，这些公司需要在恶劣天气来临之前尽早得到预警，这就是 Maxar Technologies 公司需要解决的挑战。

从历史上看，许多行业都依赖于由美国国家海洋和大气管理局（NOAA）运营的本地超级计算机生成的报告。但是，平均需要 100 分钟来处理全球数据，得到天气预报。随着时间的推移，许多公司提出需要更及时的天气警报来保护他们的利益。

为了解决这个问题，Maxar 公司试图减少生成数值天气预报所需的时间。其数据科学家、工程师和 DevOps 团队决定构建高性能计算解决方案，目标是将预测时间减少一半。"我们首先考虑了一项涉及在本地数据中心构建系统的工作，"Maxar 公司的分析和天气总监 Travis Hartman 说，"但我们意识到，我们需要一个云环境来构建一个经济高效的解决方案，我们的 DevOps 团队可以轻松管理方案，这将使我们能够显著缩短将结果推向市场的时间"。

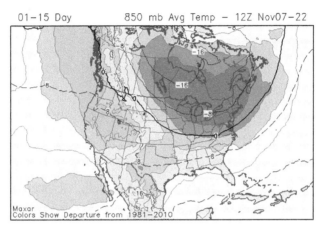

图 4.11　MAXAR 北美大陆的气象图

　　Maxar 公司与亚马逊合作创建了一个包含四项关键技术的 HPC 解决方案。该公司依靠 Amazon EC2 获得高度安全、可调整大小的计算资源，并能够以最小的代价配置容量。Maxar 公司还使用 EFA 网络接口，通过硬件旁路接口运行其应用程序，从而加快实例间通信的速度。为了增强计算和联网能力，应用程序使用 Amazon FSx for Lustre 来加速应用程序的读 / 写吞吐量。Maxar 公司还利用 AWS Parallel Cluster 开源集群管理工具，通过简单的文本文件轻松部署 HPC 集群，该文件可自动对资源进行建模和预置。在 AWS 云上，用户可以获得计算、存储网络之外的很多全托管的编排工具，从而方便地在云端部署和运行他们的应用。

　　使用 EFA 网络，Maxar 公司将该集群从 234 个 c5n.18xlarge 实例减少到 156 个 c5n.18xlarge 实例。EFA 互连进一步缩短了预测时间：从 53 分钟缩短到 42 分钟。该团队的新配置现在可以将预测时间缩短 58%。通过进一步的系统调整，Maxar 公司预计还可以将处理时间再缩短 25%。

迁移到云端之后，用户的效率提到了极大的提升：

❑ 生成天气预报的速度提高了 58%。
❑ 为客户提供了更多时间来应对极端天气。
❑ 所需的服务器实例减少了 33%。
❑ 可以自动启动和关闭 156 个服务器实例。
❑ 计算成本降低了 45%。

5. 亚马逊的高性能计算芯片

亚马逊在 EC2 上取得的成绩与其自主研发的芯片有关。从技术方面看，亚马逊是全球云计算第一大公司。最近几年，有一个很有意思的趋势，也就是科技公司发展到一定阶段，自研芯片就成为必然的选择。国外的谷歌、微软如此，国内的阿里、腾讯也如此。而这波风潮的引领者正是亚马逊。亚马逊从收购 Annapurna Labs 公司开始就走上了造芯之路。之后，亚马逊发布了新一代的 EC2 C5 实例。和前一代的产品相比，C5 实现了 25% ～ 50% 的能效提升，并且引入了对裸金属的支持。这些提升的背后，是 Amazon Nitro 带来的系统重构。Nitro 系统里的很多概念也启发和影响了现在大火的 DPU，可以说，Nitro 是亚马逊造芯之路的第二个重要的里程碑。

在亚马逊造芯的道路上，除了 Annapurna Labs 之外，ARM 公司也提供了有力支持，亚马逊试图颠覆计算领域的 Graviton 系列芯片正是基于 ARM 的开放架构打造的。

ARM 公司宣布推出两个新的平台：ARM Neoverse V1（如图 4.12 所示）和 Neoverse N2，以及用于它们的网状互连技术。从名字上可以看出，V1 是一个全新的产品，也体现了 ARM 在数据中心、高性能计算和机器学习领域的雄心。N2 是 ARM 的下一代通用计算平台，旨在跨越从超大规模云到智能网卡和运行边缘工作负载的用例，它也是第一个基于该公司新的 ARM V9 架构的产品。

曾经，高性能计算是被少数玩家所主导，但现在 ARM 生态系统在这个领域取得了相当的份额。韩国、印度和法国的超级计算机都与 ARM 公司合作。V1 的承诺是它的性能将大大超过 N1 平台，其浮点性能将提高 2 倍，机器学习性能将提高 4 倍。

图 4.12　ARM Neoverse V1 芯片

ARM 公司基础设施业务线高级副总裁兼总经理 Chris Bergey 表示，V1 是为了展示能带来多少性能——这就是目标。他还指出，V1 是 ARM 迄今为止应用最广泛的架构。虽然 V1 不是专门为 HPC 市场打造的，但高密度计算绝对是一个目标市场，目前的 Neoverse V1 平台还没有基于新的 ARM V9 架构，但下一代一定会基于 ARM V9 架构。

在高性能计算领域，我们已经看到 ARM 架构在不断地打造和完善着生态系统，从高性能计算需要的操作系统、依赖库到高性能计算领域典型的应用，都在 ARM 架构上得到适配。亚马逊正在云上携手 ARM 公司打造和完善着这种生态。

在 CFD 领域，OpenFOAM 已经正式宣布支持基于 ARM 的 AWS Graviton2 计算实例，性价比可以提高 37%。数值、WRF 天气预测类的应用已经成功地运行在 Graviton2 上，并且在国内和国外都有了相应的案例，国内最大的风电资源厂商金风科技将功率预测任务全部运行在云端的 ARM 架构下，GROMACS 在 AWS 的 ARM 实例上为客户提供了更高的性价比。ARM 在高性能计算领域的生态正在加速完善。

亚马逊在技术创新上一直给我们以惊喜，在高性能计算上云方面也颇有建树，帮助高性能计算客户摆脱架构上的束缚，可以全力着眼于高性能领域的创新。正是因为这些云计算厂商的加入，我们可以期待高性能计算在未来五年、十年的大发展。

4.2.6　我国超算上云的情况

不同于高性能计算在国际市场上 99% 是并发应用、1% 是并行应用的分布，我国的高性能计算市场中，并发应用约占 10%，并行应用约占 90%（如图 4.13 所示）。为什么会有如此大的差别呢？这是因为国际市场上许多并行应用分布在金融、ERP、数据处理方面，而这些应用当前在我国没有那么大的市场。而我国的并行应用分布很广，主要集中在科学计算、科研、生物医药、物理材料、气象、工业仿真等领域（如图 4.13 所示）。

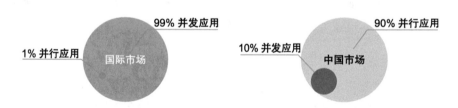

图 4.13　国际市场和中国市场的 HPC 应用

和国外公有云厂商一样，我国的公有云厂商提供的 HPC 云服务主要是基于 IaaS 服务器集群的租用模式。不同之处在于，我国的公有云厂商不但提供了虚拟机集群配置 10 G 以太网来满足并发任务的需求，而且提供了裸金属物理机集群配置 InfiniBand 网络、并行文件系统来满足任务高并行的需求。这也说明我国的高并行应用市场占有率很高。

IDC 预测，未来对高效能云端 HPC 的需求将出现井喷。传统的高性能计算资源的建设周期和成本非常高，而基于公有云，这些问题都能很好地解决。基于公有云，用户能使用最新的计算、存储、网络技术，为企业提供更高的算力；同时，公有云的弹性伸缩能力可以让用户根据需求购买和使用高性能计算资源，应对忙时资源快速获取、闲时资源闲置浪费的情况，为用户节省大量的部署和运维成本，并缩短建设周期。

当前，HPC 市场正在快速变化，越来越多的领域及用户开始使用HPC，而且持续追求高效能方案。IDC 也预测，HPC 会在更多领域快速地发展，其中包括深度学习、云计算和大数据等性能关键领域。可以预见，在接下来的几年中，财富 500 强企业中将有一半以上的企业增加HPC 与大数据结合的分析功能。许多大型医疗机构将使用 HPC 分析技术处理日常业务。也就是说，随着数据量的增加、技术的发展，越来越多的企业将在 HPC 的帮助下开展日常业务，而基于公有云的 HPC 具备高性能资源弹性、快速获取的优势，必将加速这场变革。

我国的工业制造、材料学、生物、化学高分子、气象等领域正经历从跟随学习到创新、超越的时代，HPC 恰恰能够助力这些领域的创新。

4.3 我国的超级计算云

4.3.1 超算云和云超算

根据《高性能计算云（HPC Cloud）白皮书》的定义，以超算资源为底座，通过云计算的服务模式为用户提供高性能计算服务的称为超算云；以通用云资源作为底座，为不同租户提供高性能计算服务的称为云超算。根据上述定义，我们可以总结超算云和云超算的区别体现在以下几个方面：

1）超算云的底座涉及传统超算中心的超级计算机系统的 Bowulf 架构、同构的节点和操作系统、IB 高速网络、大容量共享存储和并行文件系统，但集群是没有弹性的。而云超算的底座基于云架构，其本质就是弹性扩展，实现客户的按需分配，无论是需要多一些计算还是少一些节点，用户都可以动态调整，随时满足需求。

超算云的用户面对的是一个作业排队系统，使用者需要把作业提交给任务调度器，由调度器对作业排队，优先级高的作业优先分配资源，然后启动作业、运行，等待作业结束。一旦作业结束，调度器会通知用户。这一系列动作完成后，一个作业的计算任务才算完成，整个处理过程简单、简洁。而云超算的用户面对的是一个裸集群、裸金属集群或虚拟机集群，用户需要安装、部署集群的管理软件和作业调度软件，需要自己实施应用集成和系统优化，并且需要集群运维管理员。图 4.14 给出了超算云和云超算在结构上的区别。

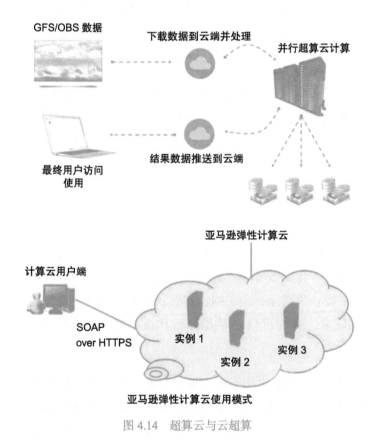

图 4.14　超算云与云超算

2）在商业模式上，超算云按作业运行的核机时收费，云超算按整个集群租用的时间收费。我们知道，消耗计算资源的不是人而是应用软件，超算云的用户不仅需要算力，更需要超算云上的应用软件资源。比如，一套 EDA 应用软件的价格通常是几百万元人民币，一般用户是买不起的。通过超算云，用户就可以用合理的成本使用这些软件。云超算适合企业单位，用户可以利用云超算的弹性计算达到削峰填谷的目的，降低资产的成本和折旧费用，而且独占资源的安全可靠性也是许多企业考虑的重要因素。所以，超算云更适合"To C"业务，而云超算更适合"To B"业务。

超算云和云超算的概念已经很好地区分了它们的商业模式，一种是传统超算的按核机时收费的模式，另一种则继承了公有云的 IaaS 资源租赁收费模式。这两种模式分别适合不同的市场需求。超算云和云超算的概念是由国内的市场厂商和运营商提出的，这也反映了我国目前超算与云融合的真实情况。如今，大多数公有云厂商都提供这两种模式。下面我们就以阿里云的 EHPC 和高性能计算云来深入说明云超算和超算云的概念与应用。

4.3.2 阿里云的 E-HPC

如果你打开阿里云高性能计算（E-HPC）的门户，就会看到如图 4.15 所示的界面。E-HPC 是在阿里云计算产品之上搭建的高性能计算集群环境。由 E-HPC 创建的高性能计算集群整体上分为三层：底部是资源层，提供基础的计算、存储和网络资源；中部是集群平台软件，包括资源生命周期管理、用户管理、作业管理等；上层通过 OpenAPI 与第三方合作伙伴解决方案集成，为不同行业的最终用户提供计算服务，这些行业涉及工业制造、地质勘探、气候气象等。

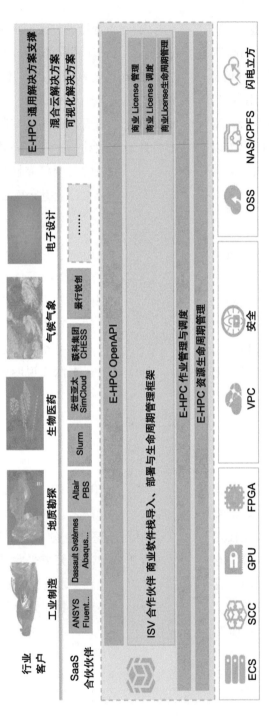

图 4.15　E-HPC 集群架构

作为我国主要的公有云提供商，阿里云的超算服务提供的是集群租赁模式，这和亚马逊类似，属于云超算运营模式。不同于亚马逊的超算方案，除了虚拟机 HPC 集群外，E-HPC 的亮点是可以提供裸金属的集群，以保证高性能计算应用的运行效率。除此以外，E-HPC 本身具有云的基因和云的所有特性，包括天然与其他云产品（如数据库、云安全、无影云桌面等）打通，满足完整业务流程上云的需求；多租户隔离，确保用户之间资源的隔离性，并对资源拥有 root 权限；云的弹性能够支撑用户突发的业务计算需求，只需要登录阿里云控制台页面，就能够自行添加计算资源或释放空闲计算资源，无须超算管理员介入；云运维便捷，基于物理机之上阿里云自主研发的"飞天"云计算操作系统，E-HPC 提供天基自动化运维模块，对物理机故障有一定冗余，从而保证对上层的计算服务。

为满足高性能计算业务对高性能、高吞吐的性能要求，阿里云推出了一系列产品，包括：

- ❑ 弹性裸金属服务器（ECS Bare Metal Instance）：基于阿里云自主研发的下一代虚拟化技术而打造的服务器产品，兼具虚拟机的弹性和物理机的性能和功能，无性能损失、无特性损失，能极大地提供计算机性能。
- ❑ 异构计算服务器：提供 GPU 服务器，包括 NVIDIA V100/A100 和 FPGA 加速卡。超级计算集群 SCC 配有支持 RDMA 协议的低延迟、高吞吐的 RoCE 网络，能满足高性能计算应用对高速网络的需求。
- ❑ 高性能并行文件系统 NAS/CPFS：CPFS 能够达到数十 GB 的吞吐、数百万的 IOPS 的能力，并保证亚毫秒级的延时。

为了利用云的特性并发挥阿里云产品的计算能力，E-HPC 产品提供高性能计算环境并做到以下增强：

- ❑ 自动伸缩，与作业调度器集成，能够识别当前作业对资源的需求，并根据集群当前资源数量和扩缩容需求预设限制，自动添加或删除计算资源。

□ 混合集群，支持与线下集群打通，并进行统一管控。同时，提供线下文件系统的缓存方案，避免云上重复读取线下数据时因重复拉取数据造成的网络拥塞和费用。

□ 提供 OpenAPI，允许第三方进行产品集成，实现产品方案和云计算资源打包，向最终用户提供"云上一体机"式的服务。

1. E-HPC 的弹性服务

E-HPC 是性能卓越、稳定可靠、弹性扩展的高性能计算服务。这种弹性高性能计算可以积聚计算能力，用并行计算方式解决更大规模的科学、工程和商业问题，在科学研究、石油勘探、金融市场、气象预报、生物制药、基因测序、图像处理等领域均有广泛的应用（图 4.16 给出了 E-HPC 弹性计算服务的架构）。

阿里云的弹性裸金属服务器是基于阿里云自主研发的下一代虚拟化技术而打造的。与上一代虚拟化技术相比，下一代虚拟化技术不仅保留了普通云服务器的弹性体验，而且保留了物理机的性能与特性，全面支持嵌套虚拟化技术。

弹性裸金属服务器融合了物理机与云服务器的优势，能实现超强超稳的计算能力。通过阿里云自主研发的虚拟化 2.0 技术，业务应用可以直接访问弹性裸金属服务器的处理器和内存，无任何虚拟化开销。弹性裸金属服务器具备物理机级别的完整处理器特性（例如 Intel VT-x），以及物理机级别的资源隔离优势，特别适合上云部署传统非虚拟化场景的应用。

弹性裸金属服务器是阿里云通过自研芯片、自研 Hypervisor 系统以及重新定义服务器硬件架构等软硬件技术打造的，它开创了一种新型的云服务器形式，能与阿里云的其他产品（例如存储、网络、数据库等）无缝对接，并完全兼容 ECS 云服务器实例的镜像系统，从而能够更多元化地结合用户的业务场景进行资源构建。

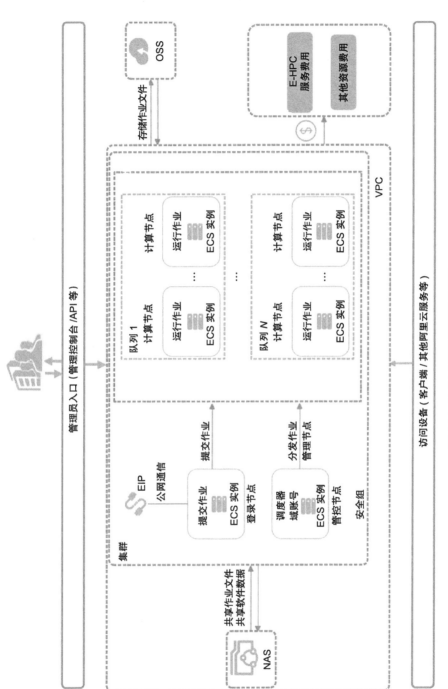

图 4.16 E-HPC 弹性计算服务架构

超级计算集群（Super Computing Cluster，SCC）在弹性裸金属服务器的基础上，加入了高速 RDMA（Remote Direct Memory Access，远程直接内存访问）互联支持，可以大幅提升网络性能，提高大规模集群加速比。SCC 在提供高带宽、低延迟的优质网络的同时，还具备弹性裸金属服务器的所有优点。

SCC 主要用于高性能计算和人工智能、机器学习、科学计算、工程计算、数据分析、音视频处理等场景。在集群内，各节点间通过 RDMA 网络互联，提供高带宽低延迟网络，满足了高性能计算和人工智能、机器学习等应用的高度并行需求。同时，RoCE（RDMA over Convergent Ethernet）网络速度能够达到 InfiniBand 网络级的性能，且能支持更广泛的基于以太网的应用。

SCC 与阿里云 ECS、GPU 云服务器等计算类产品一起，为阿里云弹性高性能计算平台 E-HPC 提供了性能出色的并行计算资源，从而实现真正的云上超算。

2. E-HPC 助力新制造：上汽仿真计算云 SSCC

在制造业，上汽集团与阿里云开展了合作，阿里云将各项技术逐步应用到上汽汽车研发领域的核心业务，并实现落地。其中，上汽乘用车与阿里云共建的仿真计算混合云就是新制造产业升级的代表性项目。

上汽乘用车作为上汽集团的全资子公司，承担着上汽自主品牌汽车研发、制造与销售工作，拥有荣威、MG 两大品牌，在上海、南京和英国设立了技术研发中心，在上海临港、南京浦口和英国长桥拥有三个制造基地。由于上汽乘用车的市场表现强劲，车型研发工作也在持续加速升级，而为工程仿真服务的计算资源则无法满足现实需求，具体表现在以下方面：

1）研发需求强烈：当前 CAE 仿真计算涉及研发中的关键任务，但经常出现计算任务工况多、规模大、时间紧的情况，迫切需要快速获取高性能计算资源。

2）资源迭代滞后：当前上汽乘用车建设的本地 HPC 集群虽然经历多次扩建，但是硬件资源严重老化，硬件资源故障率居高不下，计算性能难以满足业务需求，且资源更新迭代速度缓慢，严重影响仿真研发业务的进度。

3）用户体验欠佳：仿真研发人员一直采用传统的 HPC 计算中心操作方式，线下前后处理与线上求解计算、流程割裂，数据挪动频繁，急需建设高沉浸、全业务的 CAE 仿真分析在线服务平台。

针对以上问题，2017 年底，上汽乘用车与阿里云、泛云科技合作建设了业内首个 IaaS 混合型工业仿真计算服务平台——上汽仿真计算云（SAIC Simulation Computing Cloud，SSCC），并于 2018 年初成功上线，再度验证了云计算模式在工业研发领域的弹性、快速与高效。

SSCC 主要由阿里云公共云集群和上汽乘用车自建集群两大部分组成，同时通过高速专线实现了数据互通和计算资源的联合调度（如图 4.17 所示）。其中，阿里云公共云集群主要提供以下计算资源：

1）HPC 集群：HPC 集群节点由超级计算集群（SCC）实例组成，如图 4.18 所示。SCC 与弹性裸金属（神龙）服务器一脉相承，既提供了云计算的成熟管控、弹性资源方面的优势，又能达到物理机的性能，并在此之上加入了高速 RDMA 互联支持，大幅提升了网络性能，显著提高了大规模集群的加速比。

2）NAS 共享文件存储：NAS 作为云上数据流的共享枢纽，无论是用户提交的作业输入、作业求解结果，还是后处理输入数据，都经由NAS 中转，使得 VPC 内所有计算资源可以同时访问数据。NASplus 还实现了 Windows/Linux 跨平台共享数据访问，可以满足常见的企业业务场景。NAS 结合阿里云飞天盘古 2.0 技术，提供了高聚合带宽，能够满足 CAE 软件的 I/O 性能需求，并通过多备份等手段提供了 10 个 9 的数据可用性。随着业务规模的增长，还可以根据需求升级为 CPFS 分布式文件系统，以提供更加优秀的 I/O 性能。

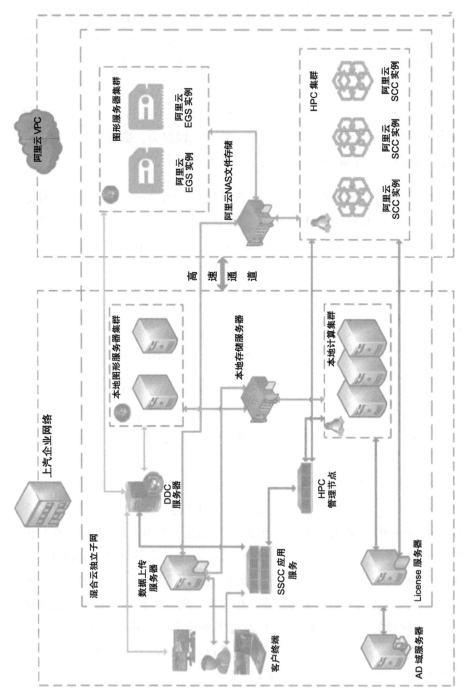

图 4.17　上汽和阿里云建设的混合云架构

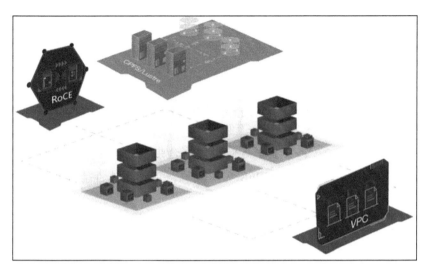

图 4.18　上汽的阿里云 HPC 集群

3）图形处理集群：采用 Pascal 架构的 NVIDIA Tesla 系列企业级 GPU，在提供高可用性的同时，确保在多用户登录使用图形服务器时仍能生成流畅的演示动画，快速完成模型渲染等工作，从而保障前后处理工作流的完整性和可靠性。

数据显示，平均每天在上汽仿真计算云平台上要完成 500 多个有关碰撞分析、结构刚度分析、流体分析、NVH 分析等多学科仿真的计算作业，模拟整车、发动机的数百种工况。得益于阿里云超级计算集群带来的性能提升，节约了计算求解时间，用户作业排队时间明显缩短，工程师可以在工作时间段做更多的模型调整，提升了工作效率。另外，绝大部分作业数据在阿里云公共云集群内闭环流动，大大减轻了本地存储的压力，使更多历史工程数据得以保留，为工程师进行多方案对比分析提供了极大帮助。借助仿真计算云平台，上汽乘用车实现了工程开发仿真能力升级，仿真计算效率提升了 25%，工程开发人员能够更加专注于产品设计和性能优化，大幅度提升产品的品质。MG X-Motion 的量产车的卓越整车性能正是来自基于仿真计算云平台的反复验证和优化。

图 4.19 给出了 E-HPC 面向仿真云的解决方案，综合 IaaS、PaaS、SaaS 各方面的创新，上汽仿真计算云在以下方面表现出技术优势：

1）性能优越。HPC 计算节点性能强劲，采用 Intel Xeon Gold 6149 CPU 和第五代 Skylake 架构实现更卓越的计算性能；具有先进高性能网络架构，RoCE 2×25 Gbps 互联，低延迟高带宽，大幅提升了加速比；通过 NASplus/CPFS 共享存储提供聚合带宽，满足了绝大多数 CAE 场景的需求，还可升级至 CPFS 文件系统；集群整体性能处于国际领先地位。

2）SLA 保证。公共云完善稳定的管控系统及宕机迁移等响应手段，保障了单个计算节点 99.95% 的可用性，确保 CAE 仿真计算业务的连续性。

3）混合云架构。云上 VPC 与本地集群通过高速通道（专线）打通成为独立子网，确保数据安全互通。云上计算资源无缝接入本地 License、调度器及 SaaS 等。出现超出规划的计算资源需求（如紧急项目）时，可临时增加公共云资源。

4）自动伸缩。在合理设置集群负载阈值的前提下，自动伸缩功能既可最大限度地节省公共云资源花销，又能在高峰期消化负荷，保障 CAE 仿真计算求解业务顺利运行。

5）完善的账号管理机制可助力协同开发。客户可以通过 RAM 授权子账号只读权限的方式，让合作伙伴登录云上机器进行软件维护、错误排查与分析等，无须长途奔波到现场。共享后台 VNC 链接也大大方便了多方讨论与合作。

6）完备的 SaaS 服务能力。平台内置集群计算、虚拟应用两类 IaaS 资源入口，并根据工程软件的应用特点进行统一部署、集成、调度及监控，可以提供 CAD、CAE 等工程软件在线服务；提供交互类应用，包括 HyperWorks、EnSight、Converge Studio、Star-CCM+、Fluent、MSC.Admas、Abaqus、NCode；提供计算类应用，包括 LS-Dyna、Converge、Star-CCM+、Fluent、MSC.Nastran、NX.Nastran、MSC.Admas、NCode、OptiStruct、Abaqus、Star-CD、iSight。

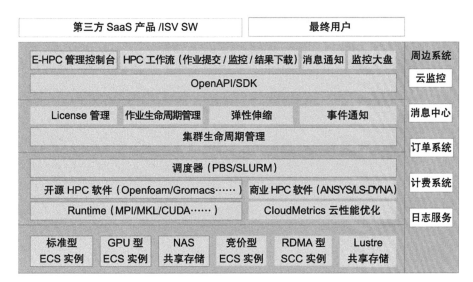

图 4.19　E-HPC 面向仿真云的解决方案

7）精细化业务调度能力。基于上汽乘用车本地 HPC 集群、阿里云的资源差异性，结合用户数据存储一致性需求，平台设计并实现了精细化的仿真计算业务调度能力，包括并不仅限于：

❑ 资源配额调剂。平台基于部门、项目组属性进行固定资源、公共资源配额约束，既可保障部门、项目组的刚性计算需求，又可以满足企业层面的弹性资源调度要求。

❑ IaaS 资源统一调度。平台通过设备分组策略，将本地 HPC 设备、阿里云集群实例进行统一调度，既可保证单一算例的高效并行效率，也可为海量任务提供资源快速调度。

❑ 用户数据统一视图。平台可同时管理本地存储与阿里云存储，为了保障用户的数据管理体验，特别设计并实现了用户数据统一视图，CAE 数据可与邻近资源节点智能匹配并发起计算或交互。

❑ 闲时抢占调度策略。平台针对用户计算业务场景，特别设计并实现了闲时抢占调度策略，在规定时段可突破预定资源配额约束，最大化地利用计算资源。

❑ 许可证高级调度机制。平台针对工业软件许可证特点，设计并实现了一系列高级调度机制，可以为设备节点组、用户组进行许可证资源预留控制。

目前，SSCC 可为数百人的仿真分析团队提供在线服务，月均完成仿真计算任务达到上万例。

利用公有云云超算资源的上汽仿真计算云是超算上云一个重要项目，也为我国制造业研发上云树立了样板，体现了巨大的价值。通过和公有云的 HPC 对接，企业实现了计算资源弹性供应体系与灵活管控机制，实现了精细化的研发资源管理、安全可靠的核心研发数据闭环生产，充分释放了智慧研发创造力，进一步提升了核心研发的生产效率。

3. 吉利汽车基于 E-HPC 进行汽车碰撞测试

吉利汽车在模拟仿真等多个核心领域均采用了高性能云计算。依托阿里云的高性能计算技术，吉利汽车在数千核集群的计算机环境下进行仿真测试，包括对车辆的模拟碰撞，力求在车辆安全性上精益求精。

模拟仿真，顾名思义就是通过计算机辅助工程软件来模拟汽车在各类环境中的驾驶情况。通过计算关键参数，大幅降低了研发成本，缩短了研发周期，使得研发人员能够快速优化设计，将新技术和设计应用到产品上，如优化空气动力学性能、保护乘客驾驶安全、改善发动机燃烧率等。德国、美国等汽车强国率先采用了这一方式，如今，以吉利为代表的中国汽车厂商也采用高性能计算实现了智能制造的跨越式发展。

典型的案例是基于 HPC 进行汽车碰撞测试，这一方案可以模拟整个碰撞过程（如图 4.20 所示），测试不同强度的材料在碰撞时的变化以及如何逐步吸收能量以保护驾驶者安全，并对汽车的安全性加以验证，这背后就需要大量的高性能计算能力。如果把普通计算机的运算速度比作走路，那么吉利依托的高性能计算集群的速度则堪比火箭，其计算速度能达到每秒千万亿次，能完成普通 PC 和服务器不能完成的大型、复杂课题。

图 4.20　吉利汽车碰撞测试

"吉利汽车与阿里云在各自行业都具有鲜明的资源优势,我们将共同在汽车行业构建基于互联网的新业务模式、新汽车技术,"吉利集团 CIO 丁国祥说,"将 IT 系统架构在阿里云上之后,部署的速度和成本及系统稳定性上都有了极大的提升。"

此外,依托在公有云上建立的营销服务平台,吉利打破了企业与消费者的信息鸿沟,构建了全新的信息通道,让决策层可以清晰地了解到客户的需求和痛点,并实时反馈到生产、设计、制造等环节中。

4.3.3　北京超级云计算中心的超算云

成立于 2011 年的北京超级云计算中心(简称"北京超算")是由中国科学院和北京市政府共同成立的,总部位于怀柔科学城,运营公司为北京北龙超级云计算有限责任公司。目前已服务国内算力用户超过 20 万家,累计交易额突破 10 亿元。

北京超级云计算中心在建设之初采用的是传统超算的建设和运营模式。2017 年,随着应用需求不断扩大,传统模式已不能快速、经济地满足市场需求。于是,北京超级云计算中心顺应市场发展,改变经营模式,结合服务的概念,采用了超算云的商业模式,能够根据用户的实际需求进行动态扩容,针对不同类型用户的需求提供不同的资源配置与服务。不同于亚马逊的云超算和阿里云的 E-HPC 基于公有云产品,北京超算选择了"超算＋互联网"的服务模式，根据市场与客户的需求进行超算建设。这种服务模式的优势是超算云集成了超算的基因，在传统高性能计算市场具有良好的用户口碑和忠实的客户群体；完全以市场化模式根据用户实际需求进行动态扩容，对不同类型的用户需求提供有针对性的资源配置与服务，从而满足了用户对更多计算资源、更快计算速度、更好用户服务体验的需求，实现了建设方式和服务模式的创新，同时实现了自给自足、灵活外延的正循环。这种动态扩容、随需供应的建设运营模式面临以下几个技术挑战：

1）投入和产出比（ROI）：超算的投入是昂贵的，而超算云的商业模式是按核时收费。目前，市场上收费低的是每核时 0.07 元，收费高的为每核时 0.4 ～ 0.7 元，所以超算云在硬件投资方面的成本至关重要。由于联想的 TruScale 服务转型至订阅服务，可实现按需购买、按量付费，降低了超算云高昂的硬件建设成本，在降低硬件投资压力的同时，能够将更多的资源投入到提升用户服务质量中。

2）数据安全：在云超算模式下，所有用户共享一个 HPC 集群，这种方式比较适合高校、教育和一些基础科学研究领域。但是，对于看重数据安全的用户显然不合适，所以在超算云的商业模式中也会融合云服务的思想，为这类用户提供独立的 HPC 集群服务。

从 2020 年开始，北京超级云计算中心连续两年入围中国 TOP100 排行榜，两次获得通用 CPU 算力性能第一名。在 2021 年国际人工智能性能排行榜 AIPerf500 榜单中，北京超算的 10 套 AI 算力系统上榜，获得总量份额第一名。对于北京超算来说，两份算力榜单的亮眼成绩充分彰显了其实力。

北京超算服务的用户主要有两类，一类是研究用户，包括科研单位、高校等；另一类是有数字化转型需求的医药研发、工业仿真、深度学习的中小企业等。基于"超级云计算"服务模式，北京超算帮助大量科技工作者远程开展研究工作，助力企业复工复产。北京超算还捐赠了 1000 万核时算力，支持超过 15 家疫苗研制等科研单位开展相关工作。

北京超算的"超级计算"加"云计算"的模式背后有两个含义，一个是云化的服务模式，可以实现随需定制，即建设模式根据客户的需求而定。比如，用户需要访存性能出众的超算算力，平台就可以加强访存性能，而在其他方面寻求折中的设计方案，最终设计出既符合用户需求的算力方案，又不增加用户成本。另一个是随需扩容，当用户的需求增长时，平台可以动态扩容，根据用户需求做出决策。这样，既可以帮助企业减少重复建设，又可以让投资的服务器利用率最大化，并在超算资源端和科研人员的使用端搭建桥梁，促进双方的降本增效。此外，北京超算还与并行科技公司共建产业生态，进行人才培养。通过网络直播课和以赛促学、以赛代练的"并行应用挑战赛"等形式，为更多的科研人员和学习者提供超算应用的专业指导和培训。

据测算，全球算力需求每三四个月就会翻一倍。IDC预计，未来全球算力规模将以超过50%的速度增长，到2025年，整体规模将达到3300 EFLOPS。计算的需求正从信息领域快速向工业、农业、医疗、教育、交通等行业拓展。随着企业研发对算力需求的上升，超级云计算也在能源勘探、工业制造、气象和环保等领域发挥着积极作用。

1. 能源勘探

随着石油和天然气等能源勘探业务需求的激增，尤其是地球物理勘探技术的发展，勘探行业迈进了海量数据处理的时代。为了实现精准、快速的地质勘测，需要了解和模拟出地下数千米的地质构造，这必将产生海量数据。以普遍采用的地震波反射法为例，一次三维测量就会产生几百TB乃至PB级的数据，然后要进行大量的密集计算和地层模拟，为钻井定位提供参考。随着能源需求的不断扩大，以及勘探成本的增加，高度复杂的计算建模成为能源勘探和开发的重要手段。

地球物理勘探技术的发展与应用高度依赖包括高性能计算技术在内的信息技术的发展，尤其是近年来"两宽一高"（宽方位、宽频带、高密度）勘探技术的普及和逆时偏移、全波形反演等处理解释手段的应用，使得石油勘探对超级计算的需求进一步增加。

基于北京超算的计算资源，通过石油勘探数据处理程序 SaaS 化解决方案，科研人员可实现复杂地质条件下上千平方公里数据的逆时偏移处理，并利用线上算力资源实现了 GeoEast 地震数据处理解释一体化系统的应用集成、远程三维可视化分析、高速数据传输等功能，同时利用自研的新性能分析工具对 GeoEast 系统中关键、核心、典型的处理和解释模块进行了运行特征分析，并建立了 GeoEast 系统典型模块运行特征库（如图 4.21 所示），为计算性能优化与分析提供了数据支撑。

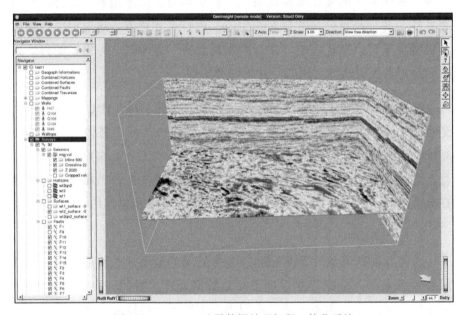

图 4.21　GeoEast 地震数据处理解释一体化系统

2. 工业制造

　　随着我国制造业转型升级进程加速，工业产品设计研发过程中开始大量使用计算机辅助创新技术，以计算机辅助设计（CAD）、工程分析仿真验证（CAE）、电子设计自动化（EDA）、计算机辅助工艺设计（CAPP）为代表的研发软件已经成为先进制造业及相关科研院所、设计单位不可或缺的重要工具，在航天航空、造船、电子、芯片、设计等领域都有广泛应用。

利用计算机辅助求解力学性能的分析计算结果、进行结构性能优化设计采用的是一种近似数值分析方法。其核心思想是结构离散化，将实际结构离散为有限数目的规则单元组合体，通过对离散体进行分析求解，得出满足工程精度的近似结果，替代对实际结构的分析，从而解决很多实际工程需要解决而理论分析和实验验证又无法解决的复杂问题。

国内某知名高新技术企业专注于智能工业设计和计算机辅助工程的研究和应用，在高性能智能算法和 CAE 算法及工业软件研发领域居国际先进水平。由于现代化的产品开发趋向于定制化、小型化和多功能集成化，因此给研发工作带来了挑战。以汽车轻量化压铸产品为例，其研发过程涉及对强度、散热、流动性的多维度评价，基于多物理场仿真结果进行优化，可以提高产品设计质量，提升研发和生产效率。因此，该单位自主研发了基于并行、多层网格局部加密技术的流体力学求解算法，与国外同类软件相比，计算效率提升了 10 倍，计算规模可扩展至上万核，基于反问题求解的压铸传热计算分析软件计算精度提升至 95%。利用超算云的计算资源和平台，实现了这些软件的 SaaS 化服务。

3. 气象和环保

气象和环保关系国计民生的各个方面，比如极端天气、重污染天气、极端气候、自然灾害等对生产生活有极大的影响。气象、环保的预报是根据流体（大气或海洋）的物理和运动特性，在一定的初值和边值条件下，通过大型计算机进行数值计算，求解描写流体演变过程的流体力学、热力学和大气化学控制方程组，从而预测未来一定时段的流体运动状态和天气现象的方法。随着数值模式日益成熟、大型计算机性能不断提升，数值预报系统已成为气象、海洋行业的业务和科研中不可或缺的支撑工具。

气象、环境、海洋预报往往通过数值模拟的方式获得，包括气象模式、海洋模式、气候模式、环境模式数据的处理，是典型的计算密集型应用。因此，需要建立一个反映预报时段的数值预报模式和误差较小、计算稳定且运算速度较快的计算方法；其次，由于数值天气预报要利用各种手段（常规观测、雷达观测、船舶观测、卫星观测等）获取气象资料，因此需要对观测资料进行调整、处理和客观分析；最后，由于数值天气预报的计算数据量非常大，因此离不开超级计算机强大的计算能力。

国内某科技公司致力于面向气象服务和大气污染治理提供大气污染预报与溯源等软件服务、环境空气质量和气象数据服务、天空地立体观测与超站数据分析等观测服务及空气污染成因分析与减排规划等环境咨询服务，面向环保、气象、民航、电力等政府部门以及高污染企业、交通、旅游、保险、互联网等行业和相关研究机构开展业务。超算云为该公司提供丰富的计算资源和全面的技术支持服务，针对该公司的全国气象、空气质量预报数据服务运行了一套全国尺度的预报系统，具有不同分辨率的气象污染数据，并能够提供未来 7 天全国不同高度的气象污染预报数据。

尽管我们按商业模式给出了超算云和云超算的定义，但是在实际市场上，我们发现不管是阿里云还是北京超级云计算中心，都融合了超算云和云超算这两种商业模式。在技术创新方面，我们看到了亚马逊的 EFA 高速网络、HPC 虚拟机 Nitro System，阿里的弹性裸金属服务器和阿里自研芯片、自研 Hypervisor 系统，北京超算的跨域算力调度引擎应用云。回顾过去，当初超算上云遇到了各种障碍和困难，但正是这些挑战激发了人类创新的智慧，通过不断地突破旧有的技术，一步步将超算上云的愿景变为现实。今天，我们可以说超级计算和云计算的融合已经成功实现，而且未来之路会越走越宽，应用也会越来越多。

参 考 文 献

[1] Mellanox Technologies Inc. InfiniBand clustering delivering better price/ performance than Ethernet: white paper[EB/OL]. [2022-06-30]. www.mellanox. com.

[2] EADLINE D. High performance computing For dummies[M]. Hoboken: Wiley Publishing, Inc, 2014.

[3] GRUN P. Intro to InfiniBand for end users: white paper[EB/OL]. [2022-06-30]. network.nvidia.com.

[4] Market-leading HPC solutions for manufacturing: business white paper, Hewlett Packard Enterprise Development[EB/OL]. [2022-06-30]. www.hpe.com/psonw/ doc.

[5] FARBER R. 人工智能与高性能计算正在逐步融合：insideHPC 特别报告 [EB/ OL]. [2022-06-30]. https://www.intel.cn/content/www/cn/zh/analytics/high-performance-computing/optimizing-hpc-architecture-for-ai-convergence-cn.html.

[6] TITTEL E. Clusters for dummies[M]. New York: John Wiley & Sons, Inc, 2015.

[7] 李根国，丁俊宏 . 高性能计算助力工程仿真应用：力学与工程 [M]. 上海：上海 科学技术出版社，2019.

[8] 孙相征 . 新冠病毒药物研发争分夺秒，阿里高性能计算的技术实践 [EB/OL]. [2022-06-30]. www.sohu.com/a/380016810_115128.

[9] 王渝生 . 中国"超算"助力强国梦 [N/OL]. 科普时报，2018-06-15 [2022-06-30]. digitalpaper.stdaily.com/http_www.kjrb.com/kjwzb/html/2018/06/15/content_ 396952.htm.

[10] 陈超 . 吞金巨兽，走到技术极限？[EB/OL]. [2022-06-30]. baijiahao.baidu.com/s?id= 1642627334879584205&wfr=spider&for=pc.

[11] ISRANI M. HPC-powered artificial intelligence to take manufacturing efficiencies to a new level: the digital of Dataquest[EB/OL]. [2022-06-30]. www.dqindia.com/ hpc-powered-artificial-intelligence-take-manufacturing-efficiencies-new-level/.

[12] GUPTA A, LAXMIKANT K V. The who, what, why, and how of high performance computing in the cloud [EB/OL]. [2022-06-30]. ieeexplore.ieee.org/ document/6753812.

[13] 高性能计算云工作组 . 高性能计算云（HPC Cloud）白皮书 [EB/OL]. [2022-06-30]. https://www.modb.pro/db/126320.

[14] MEUER H, SIMON H, STROHMAIER E, et al. TOP 500 supercomputer sites[EB/

OL]. [2022-06-30]. http://www.TOP500.org.

[15]   PETITET A, WHALEY C, DONGARRA, J, et al. HPL Benchmark 2.0[EB/OL].
        [2022-06-30]. http://netlib.org/benchmark/hpl/.

[16]   张云泉，孙家昶，袁国兴，等 . 2021 中国高性能计算机性能 TOP100 排行榜
        [EB/OL]. [2022-06-30]. http://www.hpc100.cn.

[17]   张云泉，袁良，袁国兴，等 . 2020 年中国高性能计算机发展现状分析与展望
        [J]. 数据与计算发展前沿，2020，2（6）：1-10.

[18]   张云泉，袁良，袁国兴，等 . 2019 年中国高性能计算机发展现状分析与展望
        [J]. 数据与计算发展前沿，2020.2（1）：18-26.

[19]   张云泉 . 2018 年中国高性能计算机发展现状分析与展望 [J]. 计算机科学，
        2019，46（1）：1-5.

[20]   张云泉 . 2017 年中国高性能计算机发展现状分析与展望 [J]. 科研信息化技术与
        应用，2018，9（1）：5-12.

[21]   张云泉 . 2016 年中国高性能计算机发展现状分析与展望 [J]. 科研信息化技术与
        应用，2016，7（6）：86-94.

[22]   张云泉 . 2015 年中国高性能计算机发展现状分析与展望 [J]. 科研信息化技术与
        应用，2015，6（6）：83-92.

[23]   DONGARRA J. An overview of high performance computing and challenges for
        the future[EB/OL]. [2022-06-30]. http://www.netlib.org/utk/people/JackDongarra/
        SLIDES/siam-0708.pdf .

[24]   ZHANG Y Q, SUN J C, YUAN G X, et al. A brief introduction to China HPC
        TOP100: from 2002 to 2006[C]// China Hpc'07: Proceedings of the 2007 Asian
        Technology Information Program's (ATIP'S) 3rd. Workshop on High Performance
        Computing in China: Solution Approaches to Impediments for High Performance
        Computing, New York: ACM, 2007.

[25]   ZHANG Y Q, SUN J C, YUAN G X, et al. Perspectives of China's HPC system
        development: a view from the 2009 China HPC TOP100 list[J]. Frontiers of
        Computer Science in China, 2010,4(4): 437-444.

[26]   张云泉 . 区块链等技术普及使算力经济学用于衡量地方数字经济发展程度 [EB/
        OL]. [2022-06-30]. www.sycaijing.com/news/details?id=33796.

[27]   张云泉 . 算力经济登上历史舞台 [EB/OL]. [2022-06-30]. baijiahao.baidu.com/s?id=
        1680185917944441133&wfr=spider&for=pc.

[28]　张云泉．拥抱"算力经济"加快实现新旧动能平稳切换 [EB/OL]．[2022-06-30]．mp.pdnews.cn/Pc/ArtInfoApi/article?id=6935813.

[29]　张云泉．算力可量化，智能计算将成为公共服务 [EB/OL]．[2022-06-30]．www.ithome.com/0/562/373.htm.

[30]　张云泉，方娟，贾海鹏，等．人工智能三驾马车——大数据、算力和算法 [M]．北京：科学技术文献出版社．2021.

[31]　国家信息中心．智能计算中心规划建设指南 2020 [EB/OL]．[2022-06-30]．http://scdrc.sic.gov.cn/News/339/10713.htm.

[32]　顾阳．为什么说"东数西算"工程是必然选择？ [EB/OL]．[2022-06-30]．baijiahao.baidu.com/s?id=1701718101004672628&wfr=spider&for=pc.

[33]　刘启诚．运营商集体发力"算力网络"，联通四步迈向"算网一体" [EB/OL]．[2022-06-30]．https://baijiahao.baidu.com/s?id=1720053504812020756&wfr=spider&for=pc.

[34]　许志鹏．亚马逊的造芯之路：从一个山顶，看另一个山顶 [EB/OL]．[2022-06-30]．https://www.163.com/dy/article/GUP1KBFU0531NIP0.html.

[35]　王普勇，丁峻宏．高性能计算在工业工程领域的应用 [J]．科研信息化技术与应用，2012（6）：3-11.

后记与致谢

20世纪60年代，高性能计算出现并应用于密码学、数学领域，比互联网、大数据、网格计算、云计算要早得多。但是，高性能计算从诞生伊始就是一个"高冷"的存在，受众面有限。随着芯片技术的突飞猛进和应用领域的拓展，以及人工智能、大数据、云计算技术的广泛应用，高性能计算焕发出更加旺盛的生命力。现在，人们不但要考虑计算相关的技术，也要考虑计算的经济因素、商业模式和运营模式，算力经济时代已经到来。这也是我们写这本书的最初动机。

这本书从酝酿到完成历时一年多，犹如新生儿从十月怀胎到呱呱坠地。在本书的创作过程中，众多朋友、同事、专家给予了无私的帮助。

感谢天云融创软件公司CEO杨立，是他提出了这本书的初始创意并提供了大力支持。感谢天云融创软件公司的陆伟钊博士、市场部的王靖和丛林女士，他们为这本书提供了素材和案例以及结构方面的建议。

感谢上海超算中心主任李根国博士，他为本书引用上海超算中心在科学研究和行业应用方面的案例提供了极大帮助。感谢无锡超算中心的杨广文主任和先进制造部部长任虎，他们为本书提供了和天云融创软件合作的神工坊项目案例以及超算云的实践经验素材。感谢阿里云原E-HPC团队的何万青博士和孙相征博士贡献了阿里E-HPC的成功经验和案例，使得本书的论述更加丰满。感谢亚马逊云科技高性能计算业务总监耿煜分享的亚马逊在云超算方面的经验和案例，让我们看到亚马逊是如何基于虚拟机提升高性能计算，并跻身世界TOP500排行榜前列的。

感谢中科院计算所袁良副研究员在本书创作过程中给予的大力支持，尤其在中国算力的发展方面提供了独家素材。

算力经济时代的大幕刚刚拉开，中国的高性能计算产业方兴未艾，希望本书能帮助各位读者更好地理解算力经济，助力我国数字经济的发展。

张福波　张云泉